趣味 Python 编程入门

[英]杰西卡·英格拉斯利诺 著　樊宇晨 译

童趣出版有限公司编译　人民邮电出版社出版
北　京

图书在版编目（ＣＩＰ）数据

趣味Python编程入门 / （英）杰西卡·英格拉斯利诺
著；童趣出版有限公司编译. -- 北京：人民邮电出版
社，2020.8
　ISBN 978-7-115-52844-5

　Ⅰ．①趣… Ⅱ．①杰… ②童… Ⅲ．①软件工具—程
序设计 Ⅳ．①TP311.561

中国版本图书馆CIP数据核字(2019)第270139号

著作权合同登记号 图字：01-2019-4615

Copyright Notice: Copyright©Packt Publishing 2016.First published in the English
language under the title Python Projects for Kids–(9781785884818)
Simplified Chinese translation © 2020 Children's Fun Publishing Company
All rights reserved.

本书中文简体字版由（英国派克特出版有限公司）授权童趣出版有限公司，人民邮电出版社出
版。未经出版者书面许可，对本书的任何部分不得以任何方式或任何手段复制和传播。

著　　：［英］杰西卡·英格拉斯利诺
译　　：樊宇晨
责任编辑：付莉莉
责任印制：李晓敏
封面设计：王东晶
排版制作：杨炎坤

编　译：童趣出版有限公司
出　版：人民邮电出版社
地　址：北京市丰台区成寿寺路11号邮电出版大厦（100164）
网　址：www.childrenfun.com.cn

读者热线：010-81054177
经销电话：010-81054120

印　刷：北京捷迅佳彩印刷有限公司
开　本：787×1092 1/16
印　张：13.5
字　数：225千字
版　次：2020年8月第1版　2020年8月第1次印刷
书　号：ISBN 978-7-115-52844-5
定　价：68.00 元

版权所有，侵权必究。如发现质量问题，请直接联系读者服务部：010-81054177。

　　杰西卡·英格拉斯利诺，美国哥伦比亚大学教育学博士，她既是教育工作者，也是计算机软件技术专家，还是经过美国软件测试认证协会认证的工程师，所以在网络应用、移动应用和后端应用的软件测试方面经验丰富。

　　目前，她在美国纽约的比特利公司担任软件测试方面的首席软件工程师，工作之余致力于教育工作，创建了一个计算机编程的教学网站，主要面向教师和学生。她通过一系列标准的参考课程为教师提供支持，使学生们积极参加编程学习，进而接触到这个领域的专家，开阔视野。

英文原版书审稿人简介

戴维·惠普，英国人，软件开发方面的专家，拥有自己的软件咨询公司。他从小热爱编程，也乐于在自己的计算机上编写程序。13岁时，他编写的一些代码便被应用于流行的单词学习游戏中。

近年来，他在运营自己的软件咨询公司的同时，作为英国工程技术学会的志愿者为教师提供培训课程，还为在校学生设计运营工作室和俱乐部，并在英国各地举办相关讲座。

在图书出版方面，他担任很多出版社的特约审稿人和技术类书籍的编辑。他希望通过书中的代码和观点，激发孩子们产生自己的创意，从而在编程的各个方面都能得到进一步发展，而这只是激动人心的Python编程创新之旅的开始！

前　言

如今，Python 已成为一种非常流行的编程语言。Python 作为一种简易的编程语言之所以为大众所熟知，是因为它读起来简单易懂，而且能够非常快速地对数据进行分析。

Python 还有一个有趣的特点，人们一直在利用 Python 开发游戏库，例如 pygame，利用 Python 来创建图形程序。通过运用简单的图形来创建各种小游戏，是一种学习编程的有趣方式，这种方式特别形象化，适合视觉型学习者。

▶ 本书涵盖内容

让我们一起开始吧

介绍 Python 的基础知识，并且讲解如何在 Windows、mac OS 和 Ubuntu 操作系统上设置 Python 开发环境。

变量、函数和用户

介绍 Python 的数据类型和函数，以及如何通过 Python 编程从用户获取信息，并实现存储和使用该信息。

算一算

利用 Python 来创建一个具有多个数学函数的计算器。同时，我们会学习文件结构的基础知识和保存代码文件的正确方式。

决策——Python 流程控制

涉及 if、elif 和 else 的使用方法，以及 for 循环和 while 循环的使用方法。利用这些语句，可以创建基于用户动作的操作程序。

循环和逻辑

我们将在前面所学知识的基础上，创建一个猜数字的游戏，而且会为这个游戏创建简单和困难两种模式。

使用列表和字典处理数据

介绍如何使用列表和字典来存储数据。此外，还会讲解列表和字典之间的差异，同时我们会花点时间去建立小列表和小字典。

你的背包里有什么

我们会通过使用函数、逻辑、循环、列表和字典来创建一种猜谜游戏，还会学习嵌套列表和嵌套字典。

pygame

涉及 Python 中常用的图形库，可以用于创建小游戏。我们将学习关于图形库的基础概念，并且尝试编写一些代码。

小小网球

这是一个流行游戏，我们将运用在本书中所学到的知识来重新创建这个游戏，这也是本书的主要项目。

坚持编程

在本书的最后，还提供了一些可以进一步提升能力的相关编程方法和项目，以及各章中所有快速练习问题的答案。

▶ 本书所需要的准备

本书适用于 Windows 10、mac OS X 10.6 或者 Ubuntu 12.04 操作系统，也适用于这些操作系统的其他版本。另外，你需要通过互联网下载一些本书所需要的工具，例如，本书推荐的针对不同操作系统的文本编辑器。本书推荐下载的所有工具都属于开源软件。

▶ 本书适合的读者

本书适合准备从基于图形化编程环境（如 Scratch）转到基于文本编程环境的孩子们使用。本书鼓励孩子们开始准备创建属于自己的程序，特别是那些喜欢游戏的孩子。10 岁及以上准备学习 Python 编程的孩子都可以使用本书，不要求孩子们具备任何 Python 编程经验。

▶ 本书约定

在本书中，你将会发现很多版式，包括英文单词，其作用是区分不同类型的信息。

你尝试一下，以你的名字创建一个 name 变量，然后用你的身高创建一个 height 变量，代码块的设置和所有命令行的输入 / 输出如下：

```python
def name():
    first_name = input('What is your first name?')
    print('So nice to meet you, ' + first_name)

name()
```

```python
python
>>> print('Hello,world!')
```

【 ✏️ 表示警告。】

【 💡 表示提示和技巧。】

目 录

第 4 章　决策——Python 流程控制　　　　　55

第 5 章　循环和逻辑　　　　　　　　　　　　73

第 10 章 坚持编程 185

快速练习答案 197

## 第1章

让我们一起开始吧

如果你拿起了这本书，那么你已迈出了第一步，让我们一起来用代码创建令人惊奇的程序吧！有些人想要创建游戏，有些人想要了解一些自己喜欢的网站和应用程序的实际工作方式。如果你能跟随本书学习，那么你将得到：

- 开发有趣的游戏。
- 了解你喜欢的应用程序的运行原理。
- 学习一些管理计算机的方法。

为你准备的Python编程项目

在本书中，你将学习如何使用 Python 编程。具体来说，你将学习如何从最开始设计程序。如果你以前从来没有编程，那么也没有关系，因为本书中的每个练习都是用来帮助你学习如何编写代码的。如果你之前编写过代码，那么你将发现本书中有一些非常有用的练习，这些练习可以帮助你编写出更好的代码。此外，本书的最后还有一些具有挑战的项目，强烈建议你试一试！

利用Python可以做什么呢

如果你在互联网中搜索有关 Python 的信息，你会发现 Python 的应用十分广泛。这是为什么呢？因为 Python 是一种非常灵活且功能强大的编程语言，具有如下特点：

- 可以用来处理数百万行的数据。
- 可以在不进入网站本身的情况下搜索该网站上的信息。
- 可以设计网站。

那么，你从本书中可以学到哪些有关 Python 的知识和技巧呢？如果你没有学习过编程，那么可以按照本书的每一个章节、每一个步骤来学习，这样你就可以利用所学到的知识来创建一个游戏，或者创建其他类型的计算机程序。本书的最后，将利用一个程序项目创建一个游戏。如果你已经有一些编程经验，例如，使用过 Scratch 或者 LOGO 之类的软件对计算机游戏进行修改，或者在网上学习过一些免费的编程课程，那么你可以先读一下本书，看看你已经了解了哪些内容。但我们还是建议你按照本书章节顺序进行学习，因为本书各章节内容环环相扣。

为什么应当学习Python

通过学习 Python，你可以将其用于开发很多小型视频游戏。还有一点，Python 可以用来快速地读取和分析数百万行数据！通过本书学习 Python，你将具备创建各种有趣游戏的能力，而且你会获得学习其他编程语言的一些技巧。

学习Python的前提

在开始学习 Python 之前，你需要做一些准备：

· 一台可以运行 Windows 10、mac OS X 10.6、Ubuntu 12.04 系统的计算机。当然你也可以使用 Raspberry Pi，因为它本身预装了 Python、pygame 和完成本书项目所需要的其他软件。

· 能连接互联网是必不可少的，因为你需要安装一些本书将使用到但可能你的计算机上还没有安装的软件。例如，Windows 操作系统没有预先安装 Python，所以你需要通过互联网下载。此外，pygame 也没有被预先安装在 Windows、mac OS 或者 Ubuntu 系统中。

· 除了互联网，你还需要一个网页浏览器，如 Firefox（火狐浏览器）、Safari 浏览器、Chrome（谷歌浏览器）或者 Internet Explorer 浏览器。这些浏览器可以访问 Python 文档页面。

设置计算机

如今，市面上有各种各样的计算机操作系统，其中最常见的操作系统是 Windows、mac OS 和 Ubuntu。你需要根据操作系统来选择合适的 Python，执行相应的安装步骤，因为不同的操作系统之间有细微的差别。

对于本书的编程项目，我们将使用 Python2.7。虽然 Python 已有更高的版本（3.x），但这些版本在 Windows、mac OS 或者 Ubuntu 操作系统上都无法与 pygame 兼容。因此，本书会以两种版本的 Python 进行讲解，这样在 Raspberry Pi（预装了 Python 3.x）上，对这些项目稍加修改就可以轻松完成编程，而这些修改会在项目进行中被适时提示和注释。

👆 mac OS 和 Ubuntu 系统的用户

mac OS 和 Ubuntu 操作系统有很多相似之处，使用 mac OS 或者 Ubuntu 操作系统的用户可以遵循相同的操作指南。这些操作指南会提示 mac OS 和 Ubuntu 之间的区别。

👆 Python 2.7

在撰写本书时，mac OS EI Capitan 版本预先安装了 Python 2.7，所以这里没有额外的安装工作。

Ubuntu 15.10 也默认安装了 Python 2.7。因此，使用这个版本的 Ubuntu 用户也没有额外的安装工作。

Terminal（终端）——命令行和 Python shell

mac OS 和 Ubuntu 操作系统的用户都默认安装了 Python，但是如果你不知道在哪里找到 Python，确实会有一点棘手。在 mac OS 和 Ubuntu 操作系统上，都有一个名为 Terminal（终端）的程序。这个程序允许你通过以下方式对你的计算机进行操作：

• 在 mac OS 系统，可以依次单击"Finder"→"Applications"（应用程序）→"Utilities"（实用工具），然后单击"Terminal"（终端）。打开终端应用程序，你的屏幕上会出现一个白色小窗口。

• Ubuntu 操作系统的用户可以在桌面上搜索"Terminal"（终端），

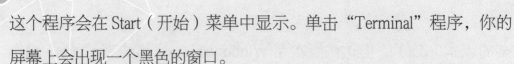

这个程序会在 Start（开始）菜单中显示。单击"Terminal"程序，你的屏幕上会出现一个黑色的窗口。

• 当输入命令运行 Python 时，"Terminal"程序也可以作为 Python shell 运行。我们将在后面详细讲解。

文本编辑器

文本编辑器是创建和编辑 Python 程序的重要工具。Terminal（终端）程序是测试 Python 代码片段的工具，但是当我们想要编辑和保存代码以便再次使用时，就需要一个文本编辑器。虽然 mac OS 和 Ubuntu 操作系统都有文本编辑器，但是这里推荐一个非常好用且功能齐全的免费文本编辑器—— jEdit。

【 想要下载适用 mac OS 和 Ubuntu 操作系统的 jEdit 文本编辑器，可以访问它的官方网站下载，并依照安装指南安装。】

为了成功完成本书中的所有练习，经常需要在屏幕上同时打开终端程序和文本编辑器。看一下文本编辑器的应用界面，jEdit 在 mac OS 和

Ubuntu 中如下图所示。

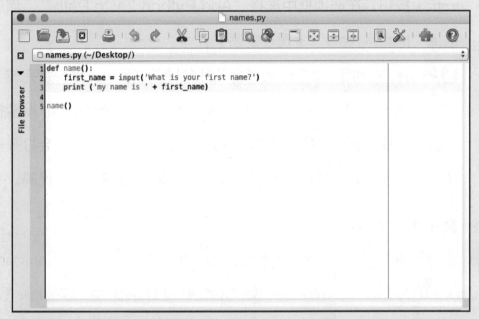

Windows 用户

对于 Windows 操作系统的用户来说，由于 Windows 上没有默认安装 Python，需要对操作系统进行一些设置，以便能让你的计算机成功运行 Python。如果你对操作这些系统感觉不太有把握，请务必寻求帮助：

❶ 首先，你需要下载版本 2.7.11 的 Python。

【 可在 Python 的官方网站为 Windows 下载 Python 的 2.7.11 版本。

对于 Windows 操作系统，还需要确定它是 32 位的还是 64 位的，这样才能下载对应版本的 Python。

如果计算机运行 32 位 Windows 操作系统则只需下载 x86 版本的 Python。 】

❷ 选择可执行的安装程序，你会看到它的下载进度。

❸ 下载完成后，你会看到对话框提示是否运行 Python，单击 "Run"（运行）。

❹ 在安装过程中会出现安装对话框，单击对话框底部"Next"（下一步）按钮，在选项框中选择"Add Python 2.x to Path"，然后选择"Install Now"（现在安装）。

❺ 根据安装指南，每个步骤都会花几分钟的时间，一旦安装完成，将会出现一个 Python2.7.11 的图标，你可以在 Windows 搜索栏中通过查找 Python 来找到它。通过单击这个图标，你将会打开一个特殊的 Python shell，可以在这里运行和测试 Python 代码。

命令提示符

在 Windows 10 中，你会看到一个被称为"命令提示符"（Command Prompt）的终端程序。Windows 操作系统中的命令提示符与在 mac OS 或者 Ubuntu 操作系统上的完全不同。

如果你想在 Windows 10 中找到命令提示符，请执行以下操作步骤：

❶ 在屏幕下方的搜索栏中搜索"cmd"或者"command"。

❷ 执行搜索后，你会看到桌面上出现命令提示符的应用窗口。单击该应用程序即可使用命令提示符，如下所示：

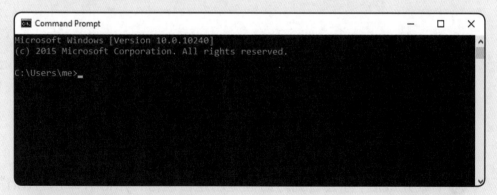

文本编辑器

在 Windows 中，"Notepad"（记事本）是默认的文本编辑器。不过，Notepad++ 相对而言更加好用。

如要下载 Notepad++，请执行以下操作步骤：

❶ 访问 Notepad 官方网站，下载最新版本。

❷ 程序下载完成后单击"Run"（运行）。

Notepad++ 的界面如下所示。

```
C:\Users\me\Desktop\name.py - Notepad++
File  Edit  Search  View  Encoding  Language  Settings  Macro  Run  Plugins  Window  ?

name.py
1   def name():
2       first_name = input('What is your first name?')
3       print('my name is' + first_name)
4
5   name()
```

在命令行中编写和运行第一个程序

现在所有的安装工作都已经完成，让我们编写第一行 Python 代码吧！
这行代码允许我们使用 Python 语言中最基本的功能。

首先，你需要运行 Python shell。在 mac OS 或者 Ubuntu 操作系统中，
打开终端程序并输入以下内容：

```
python
```

在 mac OS 或者 Ubuntu 终端程序中，最终 Python shell 应如下所示：

```
>>>
```

在 Windows 中，在屏幕下方的搜索栏中输入"Python"。然后打开 Python2.7.11，你也能看到打开的 Python shell：

```
>>>
```

一旦你看到这个符号，就说明计算机现在准备执行 Python 代码。你可以在终端程序或者 IDLE（Integrated Development and Learning Environment，集成开发和学习环境）输入以下内容：

```
>>> print('Hello, world!')
```

输入这些内容后请检查，确保所有的字符和空格都和本书中完全一样。在 Python 中，每个字符和每个空格都很重要。检查完所有代码后，请按键盘上的"Enter"（回车）键。

那么这行代码会有什么输出结果呢？只有把所有代码都正确地输入，计算机才会明白你想要它做什么。如果屏幕上的输出结果看起来像是下面所示的样子，那么太棒了！

```
jess@jess-VirtualBox: ~
jess@jess-VirtualBox:~$ python
Python 2.7.11 (default, Oct 14 2015, 16:09:02)
[GCC 5.2.1 20151010] on linux2
Type "help", "copyright", "credits" or "license" for more information.
>>> print('Hello, world!')
Hello, world!
>>>
```

对于 Windows 用户，这行代码输出结果如下所示：

```
C:\Python27\python.exe
Python 2.7.11 (v2.7.11:6d1b6a68f775, Dec 5 2015, 20:40:30) [MSC v.1500 64 bit (AMD64)] on win32
Type "help", "copyright", "credits" or "license" for more information.
>>> print('Hello, world!')
Hello, world!
>>>
```

## 1

如果你看到的输出结果并不像如上所示的代码，就需要设法寻找哪里出了问题，以下是可能导致输出结果错误的原因：

- 是不是输入了错误的字符？

- 是不是忘记使用小括号 ( ) 将 'Hello, world! ' 括起来？

- 是不是忘记在 Hello, world! 两边使用单引号 ' '（使用双引号 " " 也可以，本示例代码使用了单引号）。

如果仍然有问题，那么将你输入的代码与示例代码进行对比，并修改所发现的错误，然后再次尝试运行代码。

【 📖 Python 是一种区分大小写的编程语言。Python 会对大写、小写和空白字符进行辨别，这需要你特别留意输入的内容。如果你输入的字符错误或者语法错误，那么计算机可能会出现某些奇怪的信息。 】

创建自己的工作文件夹

我们在开始所有的大型编程项目之前,都需要创建一个工作文件夹。在下一章中，你将要开始编写需要运行的完整代码文件。因此，我们需要一个放置这些文件的地方。既然说到这里了，就让我们来创建一个文件夹吧！如果你擅长管理计算机，那么可以把文件夹放在任何你想放的地方。

如果这方面你不太擅长，那么可以把文件夹放在计算机的桌面上。在 mac OS 和 Windows 操作系统上，你可以在桌面上的某个空白地方单击鼠标右键，会弹出一个包含几个选项的快捷菜单，其中有一个"新建"

选项，当你把光标放在"新建"上时，又会出现其他几个选项，再选择其中的"新建文件夹"，这样一个新的文件夹将出现在计算机桌面上。这个文件夹会被默认为一个未命名的文件夹，你可以给它一个更好的文件夹名。

要在 mac OS 或者 Ubuntu 终端上找到这个文件夹，请打开终端程序并执行以下步骤：

❶ 多次运行 cd.. 命令直到返回到根目录，通常根目录就是你为计算机设置的名字。这个命令可能需要运行 3 次或者 4 次。

❷ 输入 python.program.py 来运行 Python 程序。

如果要在 Windows 命令行中找到你的文件夹，则打开命令提示符并执行以下步骤：

❶ 多次运行 cd.. 命令直到返回到根目录或出现 c:\> 提示，可能需要运行这个命令 3 次或者 4 次。

❷ 输入 python program.py 来运行 Python 程序。

快 速 练 习

现在你已经学习了第 1 章的内容，能够回答下面这些问题吗?

Q1 什么是终端（在 mac OS 或 Ubuntu 操作系统中）或者命令提示符（在 Windows 操作系统中）?

1. 终端用于将数据输入计算机，或者从计算机中获取数据，而不使用计算机桌面上的图标。

2. 终端可以用来编写计算机程序。

3. 终端可以用来完成复杂的工作，例如给出 Python 代码的提示信息。

4. 终端可以完成以上所有的工作。

Q2 当你第一次打开终端或命令提示符时，你需要做什么才能开始阅读和编写 Python 代码?

1. 开始输入代码。

2. 输入单词 python。

3. 等待 Python 开始。

4. 以上都不是，而是做一些不同的操作。

Q3 关于 Python shell 与命令行的正确表述是什么?

1. 它们完全一样。

2. 命令行不能运行 Python 命令。

3. Python shell 是从在命令行中输入单词 python 开始的。

4. Python shell 可以用于测试 Python 代码。

【 将你的答案和本书最后"快速练习答案"中的答案比较一下。 】

小 结

如果你已经阅读到这里，就说明已经解决了一些棘手的问题，接下来你将准备学习用 Python 来编程。首先，恭喜你完成了计算机设置，因为有一些设置是很难的。其次，希望你能更多地了解一些使用计算机中软件工具的知识。例如，每个程序员每天工作都要使用的文本编辑器和终端。此外，你还要了解 Python 的 print() 函数，现在你应该能在 Python shell 中输出一些信息了。学习编程的乐趣才刚刚开始，接下来我们还有很多东西需要学习！

在下一章中，你将学习创建 Python 程序的代码块（block）。我们将从变量开始，了解可以放入其中的所有不同类型的信息。然后，我们将创建一些函数，这些函数将变量组合在一起，帮助我们创建能够完成特殊工作的代码块。最后，我们还将学习如何让计算机向用户提出问题，并且存储用户的答案，这样我们的程序就具有交互功能了！

变量、函数和用户

在上一章中，我们介绍了如何在计算机中安装 Python。同时我们还介绍了如何使用 Python 的 print 语句，在 Python shell 中显示一些信息。现在，我们将深入讨论更多的细节内容，以便创建我们的第一个编程项目。本章包含以下内容：

· 变量。

· 变量名称。

· 字符串、整数和浮点数。

· 函数。

变 量

　　变量是利用一个字母或者单词来表示一个不同的字母、单词、数字或者数值。理解变量有一种方法，可以想象你正在编写一个计算机程序，目的是让它产生记忆。例如，我的名字叫 Jessica（杰西卡），如果我正在编写的计算机程序是想让这个程序记住我的名字，那么我就会把我的名字分配给一个变量。这个赋值过程应该是 name = 'Jessica'，那么在计算机的记忆中，这个变量的值就是 name. Jessica。

　　或许我还希望计算机能记住一些关于我的其他事情。可能我想让计算机记住我的身高有 64 英寸，或者是 163 厘米。那么我会说 height_inches = 64，或者 height_centimeters = 163。在这里，变量就是 height_inches 或 height_centimeters。这样计算机就记住了我身高的英寸数或厘米数。

　　为什么不尝试在计算机上根据你的名字来给变量 name 赋值，然后用你的身高给变量 height 赋值呢？

　　打开 Python shell 并输入以下代码：

```
name = 'your name'
height = 'your height'
```

　　现在变量被存储起来了，你可以输入 print(name) 或者 print(height)。因为你已经根据你的名字和身高为计算机创建了一个记忆，所以计算机将会显示它已经记住的你之前赋予的名字和身高。如果看一下 Python shell 的屏幕截图，如下所示，你就会发现，计算机所显示的记忆内容就是你之前赋予它的内容。注意，变量名不使用单引号或双引号。

```
Type "help", "copyright", "credits" or "license" for more information.
>>>
>>> name = 'Jessica'
>>> height_inches = 64
>>> height_centimeters = 163
>>>
>>> print(name)
Jessica
>>>
>>> print(height_inches)
64
>>>
>>> print(height_centimeters)
163
>>>
```

如果你分配给变量的数值，或者说赋予变量的记忆内容，在你的 Python 终端显示出来了，那么恭喜你，你成功了！如果没有显示出来，那么肯定是哪里出现了问题。这里有很多错误会导致问题出现，可能是你以不符合 Python 规则的某种方式输入变量名或者你的信息，变量名使用大写字母就是一种常见的错误。

命名变量要遵循约定

在 Python 中有一些用于命名变量的约定。遵循约定是非常重要的，因为这有助于其他人读懂你编写的代码。另外，Python shell 的设计必须遵循这些约定。

为了避免错误，变量名应该使用小写字母。如果你的变量名用到了不止一个单词，如 height_inches，那么应该使用下划线把几个单词连接在一起。

如果你用两个单词来给变量命名，并且没有使用下划线将两个单词连接起来，那么你会得到一个错误提示。如下所示，看一看里面的提示是"SyntaxError: invalid syntax"，其含义是"语法错误：无效的语法"。注意，这是由于 height centimeters 这个变量没有使用下划线连接单词而出现的错误。

```
Type "help", "copyright", "credits" or "license" for more information.
>>>
>>>
>>> height centimeters = 163
  File "<stdin>", line 1
    height centimeters = 163
                     ^
SyntaxError: invalid syntax
>>>
```

变量能记住什么

Python 变量经过编程可以记住所有类型的信息！你会发现在本章最初的示例中，我们存储了一个单词和一组数字。在第 3 章中，我们将使用 3 个不同类型的信息，即字符串（strings）、整数（integers）和浮点数（floats）来创建我们的计算器。每个类型信息的输入和输出都有一些不同。

字符串类型

在 Python 中，字符串是在两个单引号之间捕获的所有数据，这种单引号的符号为 ''（双引号也可以）。例如，下面这个字符串变量：

```
sentence = 'This is a sentence about Python.'
```

这个字符串变量包含了字母和单词，大多数字符串变量都是这样的。但是，你也可以将一个数字作为字符串存储起来，只要将这个数字放在单引号中即可：

```
number_string = '40'
```

如果我们可以将所有类型的信息存储为字符串类型，为什么还需要其他数据类型呢？因为当我们将数字存储为字符串类型时，不能使用这些数字进行计算！如果将这个问题输入到 Python shell 中，你就会明白为什么我们还需要字符串以外的其他数据类型：

```
first_number = '10'
second_number = '20'
print(first_number + second_number)
```

现在 Python shell 中出现了什么呢？你可能期望显示 30，因为 10 加 20 等于 30。然而，这时 Python 会将每个数字视为一个文本字符串，只是简单地将两个文本字符串连在一起。因此，你得到的结果很有可能是 1020。下面展示在 Python shell 中的情况：

```
Type "help", "copyright", "credits" or "license" for more information.
>>>
>>>
>>> first_number = '10'
>>> second_number = '20'
>>> print(first_number + second_number)
1020
>>> 
```

整数类型

计算机在数学方面的能力非常强大，数学可以帮助我们让计算机执行更加复杂的程序，比如游戏。Python 会将整数数据以整数类型进行存储。

先让我们了解一下整数类型吧：

• 整数，包括正整数、负整数、0。如果我们想让变量存储整数类型，就应该去掉引号。

• 当我们添加两个变量并相加时，将得到一个数学计算结果。

来试一下！我们利用这些变量进行一些数学运算：

❶ 在 Python shell 中输入以下两个变量：

```
first_number = 10
second_number = 20
```

❷ 输入 print 和变量名来获得输出结果：

```
print(first_number + second_number)
```

完成第二步后，按下键盘上的 "Enter" 键，这时你得到的结果应该是 30。这是因为 Python 将数字视为整数类型，而且 Python 明白整数类型与数学运算符在一起的含义。实际上 Python 特别懂得数学，你会发现根本不需要使用等号来告诉 Python 进行计算，Python 就会输出答案。让我们一起来看看如下所示的代码吧：

```
Type "help", "copyright", "credits" or "license" for more information.
>>>
>>>
>>> first_number = 10
>>> second_number = 20
>>> print(first_number + second_number)
30
>>>
```

浮点数类型

你现在对 Python 如何处理整数应该有了更深的理解。然而，人们还需要计算机处理小数。在 Python 中，这种数字被称为浮点数。

• 浮点数实际上就是一种用小数表示数字的方式。

• 浮点数的命名是因为小数点可以在数字中的任何位置，并且浮点数允许很多长短不同的小数。

• 将数字设置为浮点数类型可以让我们运用小数进行更复杂的数学运算。

• 将一个变量设置为浮点数类型与设置整数类型的方式相似，不需要你进行其他特殊或者不同的操作。

• Python 知道输入一个带小数点的数字（例如一个变量）会是一个浮点数，而且如果问题很清楚，Python 会将答案以浮点数输出。

下面，在 Python shell 中尝试使用浮点数来代替整数解决这个数学问题吧：

```
first_number = 10.3
second_number = 20.3
print(first_number + second_number)
```

这一次在 Python shell 中，你应该注意到 Python 将输入的变量识别为浮点数，并且不需要我们使用额外的指令，就能够输出完整的正确答案。正如下面 Python shell 所示，print 语句的输出结果应该是"30.6"：

```
Type "help", "copyright", "credits" or "license" for more information.
>>>
>>>
>>> first_number = 10.3
>>> second_number = 20.3
>>> print(first_number + second_number)
30.6
>>>
>>>
```

字符串、整数和浮点数的组合

目前为止，我们只是尝试组合同一种数据类型的两个信息。我们已经添加了两个字符串、两个整数和两个浮点数。如果试着添加两种不同类型的信息，如一个字符串和一个整数，又会发生什么呢？在 Python shell 中输入以下代码，请注意输出结果，不需要你进行其他操作：

```
first_number = '10'
second_number = 20
print(first_number + second_number) ,
```

你很可能会发现收到了错误提示。请注意，有一行重要的信息"TypeError: cannot concatenate 'str' and 'int' objects"，含义是"类型错误：

不能联结 str 和 int 类型的对象"。这里 Python 很清楚地告诉我们，它不能处理这两个不同类型的数据。因此，如果你输入出错，或者尝试对两个不同类型的数据执行操作，那么很可能会得到类似如下所示的错误提示：

```
Type "help", "copyright", "credits" or "license" for more information.
>>>
>>> first_number = '10'
>>> second_number = 20
>>> print(first_number + second_number)
Traceback (most recent call last):
  File "<stdin>", line 1, in <module>
TypeError: cannot concatenate 'str' and 'int' objects
>>>
```

函 数

我们学会了使用变量，就可以利用变量来做很多有意思的事情。最有趣的是创建函数。函数是我们为了执行特定工作而创建的代码块。这些函数一旦创建完成，我们只需在代码中输入它们的名称就可以重复使用它们。

例如，我需要编写将两个数字相加的程序（如计算器），但是不想每次将两个数字相加时，都必须重复编写 3 ~ 4 行代码。为解决这个问题，我创建一个可以将两个数字相加的函数，然后无论什么时候，我都可以利用这个函数将两个数字相加。

在创建自己的函数之前，我们还需要知道 Python 已经内置了许多令人惊叹的函数，这些函数可供我们随时使用。

内置函数

以下是一些常见的内置函数：

- int()：可将字符串或者浮点数转换成整数。
- float()：可将字符串或者整数转换成浮点数。
- raw_input() 和 input()：该函数将从用户获取信息，并将这些信息存储在计算机中，以便使用。
- str()：可将整数、浮点数或其他信息转换成字符串。
- help()：可用来访问 Python 的帮助功能。

我们将在下一章中使用这些函数，利用它们创建第一个项目。

仅就本书而言，其他函数我们不做讨论，但是随着你成长为一名技术纯熟的程序员，你需要学习更多关于 Python 内置函数的知识。

【 如果你对其他内置函数很感兴趣，或者你想了解更多的知识，那么可以使用 Python 文档。

开始阅读这些文档时，由于文档的内容非常详细，看起来很繁杂。有的文档内容可能很难理解，但是这些文档对你是很有帮助的，很多程序员都在使用。 】

函数的组成

当你想要创建自己的函数时，需要考虑一下函数的基本组成部分。首先，看看下面这个实现两个数字相加的函数：

```
def addition():
    first_number = 30
    second_number = 60
    print(first_number + second_number)
```

在这段代码中，第一行是我们所要学习的新知识，所以我们需要理解它的含义：

• 首先需要注意一下单词def。在Python中，这个单词是"definition（定义）"的缩写，用于定义一个新函数。

• 接下来需要注意的是函数的名称。函数的命名与变量的命名一样，遵循相同的规则。函数名称需要用小写字母，当函数名称使用多个单词时，单词之间需要用下划线连接。

• 在addition()函数的名称之后，注意要使用小括号()。这个示例函数括号里是空的，但有时小括号里并不是空的。无论怎样，小括号始终是你创建的函数的必要组成部分。

• 最后，函数第一行代码以冒号（:）结束。冒号是函数第一行代码的结束符号。

一个函数可以很短，例如addition()函数只有4行代码；一个函数也可以很长。在Python函数中，第一行之后的每一行都需要使用空格来缩进。我们在下一节创建函数时，将会学习如何在Python shell中生成缩进。我们还会讨论一下文本编辑器中的合适间距。

为了正确编写函数，我们需要记住很多新的细节。但如果你忘记了这些细节，将会发生什么呢？例如，如果你忘记缩进一行，Python 则会告知你，并输出一个错误提示。这时你的函数不会运行，你的代码也不会起作用。众所周知，空白字符在 Python 中用于实现缩进，在 Python 中还有一些关于使用空白字符的规则。

现在，你应该非常熟悉在 Python 中实现加法运算的方法，所以我们继续处理实现加法的代码。想要在 Python shell 中编写函数，这里有些需要考虑的问题。因为一个函数就是一个代码块，所以当我们在 Python shell 中尝试执行函数时，需要遵循下列规则：

• 在输入第一行并按 "Enter" 键之后，我们需要在接下来输入的每一行之前按 "Tab" 键。

• 在输入完所有的代码之后，需要按 "Enter" 键两次，这样 Python shell 知道你已经完成函数的创建操作。

在 Python shell 中，按如下所示准确输入 addition() 函数：

```python
def addition():
    first_number = 30
    second_number = 60
    print(first_number + second_number)
```

注意，在 Python shell 中的函数如下所示：

```
Type "help", "copyright", "credits" or "license" for more information.
>>>
>>>
>>> def addition():
...     first_number = 30
...     second_number = 60
...     print(first_number + second_number)
...
>>>
>>>
```

现在你已经输入了函数，接着就需要学习如何使用函数。在 Python shell 中使用函数要输入函数名称和小括号：

```
addition()
```

所谓输入函数也就是大家熟知的调用函数。你在 Python shell 中调用 addition() 函数，接着按 Enter 键之后，就会得到问题的输出结果，如下所示：

```
Type "help", "copyright", "credits" or "license" for more information.
>>>
>>>
>>> def addition():
...     first_number = 30
...     second_number = 60
...     print(first_number + second_number)
...
>>>
>>>
>>> addition()
90
>>>
```

现在将你得到的结果与上面所显示的结果进行对比。你可以将不同的数字输入该函数，这是一个测试函数的好方法。

用户与程序的互动

我们刚刚创建了一个实现两个数字相加的函数。学习编写一个数学程序是很有趣的，但是我们这个函数的功能很有限，因为这个 addition() 函数需要手动改变变量，才能计算不同数字相加的结果。

是不是可以有一种方法，能够从用户获取信息，并将这些信息存储在一个变量中，这样每次调用加法或者减法函数都可以使用这个变量呢？所有使用过计算机的人都知道，无论什么类型的计算机都应该具备这样的功能。Python 有一个 input() 函数，它允许我们告诉计算机向用户提出问题。这个 input() 函数极其有用。我们可以利用这个函数从用户获取各种信息，而且能够基于用户输入实现用户与计算机之间的互动。

我们可以利用 Python shell 来测试 input() 函数的工作原理。在 Python shell 中尝试输入如下所示的两行代码：

```
name = input('What is your name?')
print(name)
```

这时会发生什么呢？让我们一起来看一看吧：

• 在计算机终端中应该会出现一个提示，显示询问 "What is your name？"，然后你可以输入你的回答。

• 输入你的回答之后按 "Enter" 键，什么也不会发生（本来就应该什么也不会发生）。

• 你已经将输入计算机的信息（一个记忆）存储在 name 变量中，

但是现在你需要从 name 变量中取出信息。

• 你可以通过显示 name 变量来输出之前用户输入的信息。

如下所示，你可以在 Python shell 中看到完整的操作和运行过程：

```
Type "help", "copyright", "credits" or "license" for more information.
>>>
>>>
>>> name = input('What is your name?')
What is your name?Jessica
>>> print(name)
Jessica
>>>
```

使用文本编辑器和命令行

目前为止，我们学习了使用 Python shell 编写和测试代码。Python shell 对我们的帮助很大，因为当我们输入一行代码或者几行代码，然后立即运行这些代码时，Python shell 可以帮助我们看到这些代码的执行情况。但是，你可能已经发现 Python shell 没有办法保存我们编写的所有代码。

Python shell 如果要运行程序，需要具备所有可用的代码。而我们使用文本编辑器更像是写报告、电子邮件、论文，即可以编写代码并保存它；之后如果需要，我们还可以返回去编辑之前保存的代码。为了能让 Python 使用和理解我们的代码，我们需要用命令行来告诉 Python 运行这些代码。

为了完成下一个任务，以及本书后面的编程项目，我们将使用文本编辑器，同时利用终端或命令提示符。现在我们来看看文本编辑器和命令行的设置方法吧。

你需要做的第一件事是创建一个特定文件夹，用来存储你的代码文件，并且记住这个文件夹的所在位置，能够找到该文件夹（你可以回顾一下第 1 章中的相关介绍）。

这个文件夹或者说目录位置非常重要，因为本书接下来创建的工作项目都会放在这个地方。

Python 需要访问这个文件夹来运行所有的程序，而且我们编写的文件还会使用到其他文件，所以，所有的文件都需要存储在同一个地方。

在你确认创建这个特定文件夹之后，你可以打开我们在第 1 章介绍的文本编辑器。这时你还会在终端或命令提示符中打开一个新窗口。

创建自己的函数——name()

你已经学习了变量知识以及它们如何存储信息，还了解了如何在函数内部使用这些变量。你也知道了如何使用特定的 Python 函数，帮助我们从用户获取信息并将其存储在计算机中，如 input() 函数（input() 函数与 raw_input() 函数功能相似）。现在我们准备使用变量和 input() 函数来创建自己的函数。

设立项目文件

我们现在要创建一个名为 name() 的函数。此函数的目的是询问用户的姓名并存储（记住）用户的姓名，然后能向用户显示友好的消息。

现在按照以下操作开始创建这个函数：

❶ 在文本编辑器中打开一个新文件。

❷ 保存并命名该文件为 name.py。

【 💡 你需要使用扩展名 .py 作为所有代码文件名的结尾，这样能够在终端或者命令提示符下运行该文件。Python 只识别扩展名为 .py 的文件。 】

❸ 将该文件保存到你所创建的 Python 工作文件夹中。

开始项目

在设立项目文件之后，你可能要做的第一件事就是在文件中添加一个简短的注释。注释可以让我们快速了解代码里正在发生的事情。如果你要编写非代码的内容，那么应该在这一行的开始使用标签进行标注。标签的作用就是告诉计算机忽略这一行，但是允许我们阅读文本内容。接下来，在文件中输入以下代码行：

```
# This is my first function called name. It will ask the name and
# print a message.
```

编写代码

在下一行，你可以开始输入计算机可读代码。首先，你要确保在注释和第一行计算机可读代码之间有一个空行。接下来如之前所学习的，开始使用 Python 的保留关键字 def 来定义函数，然后输入一个空格和函

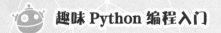

数的名称。

```
def name
```

接下来在第一行添加小括号 () 和冒号 :。

```
def name():
```

现在可以开始输入下一行了。对于下一行来说，你需要进行缩进，使用空格键插入 4 个空格。在 Python 中空格也很重要。若使用 Tab 键来输入空格，或者混合使用 Tab 键和空格键来输入空格，都可能导致错误。

因为我们想要询问的是用户的名字，所以如果你愿意，可以用单词 first_name 来作为变量，如下所示：

```
def name():
    first_name =
```

变量 first_name 将存储问题 "What is your first name？" 的答案。请记住，我们必须使用函数 input() 来让用户回答这个问题！因此，我们将向代码中添加 input() 函数和问题，如下所示：

```
def name():
    first_name = input('What is your first name?')
```

目前为止，我们学习了一种编程方法，可以让计算机向用户询问他们的名字。而且，我们创建了一个名为 first_name 的变量来记住信息字符串。

虽然我们已经有了一个包含几行代码的文件，但如果现在运行这些代码什么也不会发生。我们还需要一种方法来显示用户的名字，如果能给用户发送一条欢迎消息就更好了。我们需要编写代码用于程序的显示。

在第 1 章中，我们已经用 print 语句来显示信息，在本章中，也同样会用到 print 语句。我们可以告诉函数显示 first_name 的信息，并把这些信息与欢迎消息放在一起。添加一行代码，如下所示：

```
print('So nice to meet you, ' + first_name)
```

完整的 name() 函数的代码应如下所示：

```
def name():
    first_name = input('What is your first name?')
    print('So nice to meet you, ' + first_name)
```

下面是这个示例在文本编辑器中的样子：

```
1  #This is my first function called name. It will ask the name and
2  #print a message.
3
4  def name():
5      first_name = input('What is your first name?')
6      print('So nice to meet you, ' + first_name)
```

我们还需要添加最后一行代码，用于调用函数 name()。如果我们不调用这个函数，程序就不会运行。我们想要调用这个函数，应该在 print 语句下面留一个空行，并且在新的一行中不需要缩进，直接输入 name()。请看一下这个代码示例，并将 name() 函数添加到代码中：

```
def name():
    first_name = input('What is your first name?')
    print('So nice to meet you, ' + first_name)

name()
```

现在我们已经创建好这个函数，可以使用它向所有人打招呼，因为用户每次都告诉计算机他们的 first_name 应该是什么，这是一个可重复使用的代码块。

运行程序

现在必须保存你的工作成果：

❶ 在文本编辑器中选择"Save"（保存）选项，并将工作成果命名为"name.py"。

❷ 保存文件后，你应该打开终端或者命令提示符。

❸ 确定你当前打开的是正确的文件夹。

【 💡 如果你不太确定当前所在文件夹的位置，那么可以输入 pwd（在 mac OS 或 Ubuntu 操作系统中）或者 echo %cd%（在 Windows 操作系统中）来确定当前你所在文件夹的位置。 】

❹ 当你确定工作文件处于文件夹中时，请输入：

`python name.py`

❺ 按下"Enter"键，你的程序就可以运行了。

在你输入名字之后，计算机的输出内容应如下所示：

Python	bash

```
Last login: Wed Oct 14 21:56:40 on ttys001
Jessicas-Air-2:~ jessicanickel$ cd Documents
Jessicas-Air-2:Documents jessicanickel$ python2.7 name.py
What is your first name? Jessica
So nice to meet you,  Jessica
```

你现在可以将你编写的程序展示给你的家人和朋友啦，如果他们之前从没有接触过编程，那么你所做的看起来将是一件很神奇的事！

加倍努力

如果你确实想全面了解所有相关内容，那么，就请多付出一份努力吧！利用你刚刚创建的代码进行试验，这样你就可以明白哪些是可行的，哪些是无效的。如果你得到一个错误消息，那么你可以将这个错误消息复制并粘贴到互联网中搜索。目前为止，我们看到的大多数错误消息曾经在其他人身上发生过。这里有一些技巧可以帮助你进行试验，并且进一步掌握相应的知识：

- 改变输入的问题。

- 改变向用户显示的信息。

- 改变函数的名称。

- 改变变量的名称。

- 添加第二个变量和输入第二个问题。

- 添加第二个变量的显示。

快 速 练 习

现在已经完成本章的学习，你能回答下列问题吗？

Q1 一个函数必须以什么开始？

1. def。

2. 函数。

3. 输入。

4. 空格。

Q2 命名变量和函数的规则是什么？

1. 必须使用小写字母。

2. 多个单词需要使用下划线连接。

3. 不能将数字作为名称的开始。

4. 以上都对。

Q3 函数的第一行之后的每一行都必须怎样？

1. 使用数字来命名。

2. 要有一个冒号。

3. 缩进。

4. 使用小括号()。

Q4 如果你想让代码文件在 Python 中运行，则需要以什么作为文件的结尾？

1. .txt。

2. .odt。

3. .pdf。

4. .py。

Q5 想要在终端运行一个代码，你需要做什么？

1. 在终端输入文件的名称。

2. 当运行 Python 时，在终端输入文件名称。

3. 在正确的文件夹中，输入 Python 和文件的名称。

4. 以上所有答案按顺序进行。

【 📖 将你的答案和本书最后"快速练习答案"中的答案比较一下。】

小 结

在本章中，我们学习了如何在变量中存储信息，这样计算机就可以记住这些信息。我们还学习了如何使用变量来创建一个函数，这个函数可以将两个预先编程的数字加在一起。然后，当我们学习如何让计算机提问并记住用户的答案时，情况变得有趣起来了！通过使用 input() 函数，我们学习了如何将答案作为变量存储起来，并且将其用于我们一起创建的 name() 函数中。我们已经学会将工作文件保存为以 .py 为扩展名的文件，这样我们就可以在终端或命令提示符中运行和重新运行我们的文件，而不必总是重新输入全部文件代码。

在下一章中，你将使用在本章中学到的所有技能，创建一个可以在命令行中运行的具有 5 个函数的计算器。

算一算

在上一章中，你已经学习了如何使用变量、不同类型的数据和函数。你还创建了自己的函数，并学习了如何通过使用 input() 函数从用户那里获取基础信息。这些知识就像是建造房子的砖块，你可以利用它们开始设计基础的程序。

我们将要编写的第一个程序是一个拥有5个函数的计算器，它可以输入和计算两个数字。这个计算器可以帮助我们学习并理解数学函数，这也是 Python 的一个组成部分。在本书最后的游戏项目中，我们还会用到这个计算器。除此之外，这个计算器将在第5章里作为创建一个更加复杂的计算器的基础。

计算器

计算器可以进行加法、减法、乘法和除法等运算。现代技术突飞猛进，我们要创建的计算器，在计算过程中要运行大量的代码和判断，才能实现基本的计算功能。

当我们想要知道某种东西是如何运行的时候，需要把它分解成更小的部分。所以，我们先来看看计算器是如何将数字加起来的：

❶ 计算器需要电源。

❷ 用户需要输入第一个数字。

❸ 用户按下一个操作键（例如 +、−、＊、/）。

❹ 用户输入第二个数字。

❺ 用户按下 = 键。

❻ 最后答案会显示在计算器屏幕上。

一个只有基础功能的计算器，不可能把所有数字都显示在屏幕上。所以，计算器必须将用户输入的第一个数字存储在自己的记忆里。

我们将在终端或命令提示符中运行我们第一个计算器程序，因此，除了考虑如何存储数字之外，我们还必须考虑其他问题。例如：

· 如何提示用户以便获取我们需要的信息？

· 如果用户输入的是文本字符串而不是整数或者浮点数，会发生什么？

• 如果用户以字符串的形式输入数字，而不是输入整数或者浮点数，又会发生什么呢？

以上只是我们在计划如何编写这个计算器程序时，需要考虑的一些逻辑问题。你还能想到其他需要解决的问题吗？

基础函数

在本章的开头我们就了解到，计算器具有 4 个基本功能：加法、减法、乘法和除法。我们将针对每一个基本功能编写数学函数，并且学习编写计算器程序的第 5 个数学函数，我们称为取模。

虽然在本章的开始部分，我们将使用 addition() 函数作为示例，但是在创建并测试完我们所需要的 addition() 函数之后，还将接着创建其他函数。

现在，让我们返回到第 2 章中的内容，回想一下，我们是如何编写下面这个函数的：

```
Type "help", "copyright", "credits" or "license" for more information.
>>>
>>>
>>> def addition():
...     first_number = 30
...     second_number = 60
...     print(first_number + second_number)
...
>>>
>>>
```

这个加法函数执行了正确的加法运算并显示了正确答案。然而，这种编写 addition() 函数的方法存在一些问题。第一，这个程序只能一次又一次地将同一类型的两个数字相加。第二，我们在这个程序中只能实现一种数学运算（加法）。这个 addition() 函数本身太不灵活了，我们需要设计一个更方便用户使用的函数。

为了设计一个更好的数学函数，我们需要解决用户输入的问题，可以允许用户在计算中改变数字。我们还需要创建一个计算器，用户使用这个计算器，除了可以执行加法运算，还可以实现其他数学运算。

操作两个数字

我们将使用在第 2 章中学习到的 input() 函数。我们可以回忆一下，在第 2 章中，我们不能对两个字符串执行加法运算。实际上，我们对字符串是不能执行任何数学运算的。

下面的代码要求用户输入内容，并将其输入的内容以字符串形式存储在计算机中。你可以在 Python shell 中输入以下代码，看一看结果是什么：

```
def addition():
    first = input('Add two numbers. What is the first number?')
    second = input('What is the second number?')
    print(first + second)
```

如果你调用了这个 addition() 函数会发生什么呢？你会发现，加法运算根本没有执行。这个程序只是将两个数字按照用户输入的顺序并列显示在一起：

```
Type "help", "copyright", "credits" or "license" for more information.
>>> def addition():
...     first = input('Add two numbers. What is the first number?')
...     second = input('what is the second number?')
...     print(first + second)
...
>>> addition()
Add two numbers. What is the first number?20
what is the second number?30
2030
```

虽然将输入的信息并列显示对将单词组合成短语或者句子很有用处，但对执行数学运算没有任何帮助，这个问题我们在第 2 章中已经发现了。相反，只有将用户输入的答案转换为数字，才可以对数字执行数学运算。想要将 input() 函数获取的数据转换为一个数字，你需要使用 int() 函数和 float() 函数。

将数据转换为数字的函数int()和float()

为了将用户在 input() 函数中输入的数据，从一个字符串转换为一个数字，我们需要使用整数型函数 int() 或者浮点型函数 float()，这两种函数可以让计算机将答案转换为数字。

从浮点数到整数的转换

试一试下面这个示例，在 Python shell 中输入以下内容，注意一下得到的结果：

```
a = int(44.5)
b = float(44.5)
print(a)
print(b)
```

在上面的示例中，你已经发现 int() 函数将数字 44.5 改为 44，而 float() 函数将数字 44.5 保持为 44.5。这是因为 int() 函数喜欢整数，并自动将小数部分舍弃。让我们一起看看在 Python shell 中的显示情况：

```
>>>
>>>
>>>
>>> a = int(44.5)
>>> b = float(44.5)
>>> print(a)
44
>>> print(b)
44.5
>>>
>>>
```

从整数到浮点数的转换

现在我们尝试相反的转换，将整数转换为浮点数，在 Python shell 中使用的代码如下：

```
a = int(24)
b = float(24)
print(a)
print(b)
```

在上面的示例代码中，你会发现 int() 函数将数字 24 保持为 24，而 float() 函数则在数字 24 后面添加了一个小数位，显示为 24.0。这是因为 float() 函数是专门设计用来处理数字和小数位的。你可以在 Python shell 中看到如下结果：

```
>>>
>>>
>>>
>>> a = int(24)
>>> b = float(24)
>>> print(a)
24
>>> print(b)
24.0
>>>
>>>
```

▶ int() 函数和 float() 函数处理文本字符串失败

如果你尝试将文本字符串输入到 int() 函数和 float() 函数中，那么将会得到错误提示。实际上，你只能在 Python shell 中输入下列两行代码中的第一行，因为程序会立即提示代码 int('hello') 错误：

```
a = int('hello')
b = float('hello')
```

这是因为 int() 函数和 float() 函数只能应用于数字，不能处理那些不能被转换成数字的字符串。如下所示，你可以看到 Python shell 返回了一种被称为 "Traceback"（错误消息回溯）的消息，其中包含 3 行错误代码：

```
>>> a = int('hello')
Traceback (most recent call last):
  File "<stdin>", line 1, in <module>
ValueError: invalid literal for int() with base 10: 'hello'
>>>
```

本书中我们将频繁使用 int() 函数和 float() 函数来实现数据的转换，所以要习惯使用这两个函数：

- int(): 将数据转换为整数。
- float(): 将数据转换为带有小数位的数字。

现在我们学习了如何将文本字符串转换为数字，那么可以重新编写加法函数，使用 int() 函数获取用户输入的信息，并将输入的信息转换为十进制数。你可以将下列代码直接复制到文本编辑器中：

```
def addition():
    first = int(raw_input('What is your first number?'))
    second = int(raw_input('What is your second number?'))
    print(first + second)
```

趣味 Python 编程入门

你可以看到在 Python shell 中定义的加法函数。你还可以看到当调用 addition() 函数时，每行 raw_input() 函数的显示内容，还有用户通过输入数字得到的答案。由于用户输入的第一个数字和第二个数字已经被转换为整数，你会发现现在的输出结果是正确的、符合标准加法运算法则的答案。

创建计算器的第一个文件

在我们进行下一项工作之前，要先把上面完成的工作保存起来。打开文本编辑器，创建一个名为 first_calc.py 的文件，然后在该文件中输入刚才编写的加法函数。在第 1 章中，我们曾经创建了一个工作文件夹，这里请确保将此文件也保存在这个文件夹中。我们要保证工作有条理、有组织，这一点很重要，这样你才可以运行代码进行测试，如下所示：

```
def addition():
    first = int(raw_input('What is your first number? '))
    second = int(raw_input('What is your second number? '))
    print(first + second)
```

减法、乘法和除法函数

现在我们已经编写了一个 addition() 函数，它可以从用户那里接收数据并将其转换为数字。接下来，我们将准备编写能执行减法、乘法和除法运算的函数。

如果你已经准备好接下来的学习，请按照如下步骤操作：

❶ 打开 Python shell，这样你就可以在编写代码后及时测试代码。

❷ 打开文本编辑器（在 mac OS 或 Ubuntu 操作系统中使用 jEdit，在 Windows 操作系统中使用 Notepad++）。

这样当你编程的时候，计算机桌面上会同时打开两个窗口。

你在 Python shell 中成功地编写和测试一行或几行代码后，复制这些代码到文本编辑器中，然后将这些工作保存到之前已经创建的 first_calc.py 文件中。

【 💡 你要尽可能随时保存你的工作文件，这样可以避免因意外而丢失代码。】

减法函数

接下来，我们将为计算器编写减法函数。我们将按照与加法函数相同的步骤，创建第二个函数来执行减法运算。在 Python shell 中，尝试按照以下步骤来创建减法函数：

❶ 输入 def 来开始定义函数。

❷ 为这个函数命名。

❸ 添加适当的符号，包括小括号 () 和冒号 :。

❹ 在接下来每行的开头输入 4 个空格。

❺ 请求用户输入第一个数字。

❻ 请求用户输入第二个数字。

❼ 利用减法符号（－）显示输出。

你在 Python shell 中创建减法函数之后，就可以尝试使用下面这行代码来调用函数：

```
subtraction()
```

如果函数调用成功，那么你可以在代码文件中输入代码，就像在 Python shell 中所显示的那样。如果 subtraction() 函数没有运行，那么要确认在 Python shell 中输入的代码是否没有任何错误。再次检查你的代码并且重新运行，直到代码可以运行为止。如果你一直不能成功调用这个函数，那么你可以将如下代码复制到 Python shell 中，这些代码可以执行两个整数的减法运算：

```
def subtraction():
    first = int(raw_input('What is your first number?'))
    second = int(raw_input('What is your second number?'))
    print(first - second)
```

一旦这些代码在 Python shell 中测试成功，你就可以将这些代码输入文本编辑器。一定要记得将这些工作成果保存在 first_calc.py 文件中。

现在你的 first_calc.py 文件中应如下所示：

```
2
3 def addition():
4     first = int(raw_input('What is your first number? '))
5     second = int(raw_input('What is your second number? '))
6     print(first + second)
7
```

```
 8 def subtraction():
 9     first = int(raw_input('What is your first number? '))
10     second = int(raw_input('What is your second number? '))
11     print(first - second)
12
```

乘法函数

你可能已经注意到创建这些函数的模式。乘法函数将用与加法函数和减法函数相同的格式和逻辑来进行编写。你可以继续要求用户输入数字，然后计算机将执行相应的运算。

下面的代码可用于创建乘法函数。你可以直接复制它，但在这里我们还是鼓励你自己编写乘法函数。如果你尝试自己创建函数，那么就可以更好地了解创建函数的方法。如果你已经准备好了，那么就来看一下这个乘法函数的代码：

```
def multiplication():
    first = int(raw_input('What is your first number?'))
    second = int(raw_input('What is your second number?'))
    print(first * second)
```

你在 Python shell 中成功测试了代码后，请记得在文本编辑器中输入函数，并将其保存在 first_calc.py 文件中。

```
 3 def addition():
 4     first = int(raw_input('What is your first number? '))
 5     second = int(raw_input('What is your second number? '))
 6     print(first + second)
 7
 8 def subtraction():
 9     first = int(raw_input('What is your first number? '))
10     second = int(raw_input('What is your second number? '))
11     print(first - second)
12
13 def multiplication():
14     first = int(raw_input('What is your first number? '))
15     second = int(raw_input('What is your second number? '))
16     print(first * second)
17
```

除法函数

除法函数是为我们的第一个计算器程序编写的最后一个基本函数。依照前面乘法函数的创建方法，你已经可以完成创建这个计算器除法函数的大部分工作。看看你能否从零开始创建一个除法函数。如果你已经测试完代码，那么将你输入的代码和下面的代码进行比较，看看是否一样：

```python
def division():
    first = int(raw_input('What is your first number?'))
    second = int(raw_input('What is your second number?'))
    print(first / second)
```

测试完代码，请记得将其保存在 first_calc.py 文件中。

```python
3  def addition():
4      first = int(raw_input('What is your first number? '))
5      second = int(raw_input('What is your second number? '))
6      print(first + second)
7
8  def subtraction():
9      first = int(raw_input('What is your first number? '))
10     second = int(raw_input('What is your second number? '))
11     print(first - second)
12
13 def multiplication():
14     first = int(raw_input('What is your first number? '))
15     second = int(raw_input('What is your second number? '))
16     print(first * second)
17
18 def division():
19     first = int(raw_input('What is your first number? '))
20     second = int(raw_input('What is your second number? '))
21     print(first / second)
22
```

找到余数——取模

取模看上去是一个很奇怪的概念。取模是一个数学函数，它允许我们解决除法问题，但是只留下余数部分。那为什么取模会非常有用呢？为什么我们需要了解取模呢？

通常，我们想知道除法运算的全部答案——商和余数。但是有时候我们只需要除法运算的余数，也就是说，我们只关心因不能整除而剩下的部分。取模就像一个偷吃我们甜点的怪物：它把整除部分得到的商吃掉，只留下余数。

取模虽然在算数中并不是特别有用，但对游戏中的移动对象非常有用。因此，学习创建取模函数和了解取模的工作原理对我们是有好处的。

要创建一个取模函数，你先要获取用户输入的内容，就像之前你创建的所有其他函数一样，然后你可以调用取模函数。取模函数的符号是 %，你可以将 % 放在你通常放置除法符号的位置。可以在 Python shell 中复制下列代码：

```
def modulo():
    first = int(raw_input('What is your first number?'))
    second = int(raw_input('What is your second number?'))
    print(first % second)
```

```
3  def addition():
4      first = int(raw_input('What is your first number? '))
5      second = int(raw_input('What is your second number? '))
6      print(first + second)
7
8  def subtraction():
9      first = int(raw_input('What is your first number? '))
10     second = int(raw_input('What is your second number? '))
11     print(first - second)
12
```

```
13 def multiplication():
14     first = int(raw_input('What is your first number? '))
15     second = int(raw_input('What is your second number? '))
16     print(first * second)
17
18 def division():
19     first = int(raw_input('What is your first number? '))
20     second = int(raw_input('What is your second number? '))
21     print(first / second)
22
23 def modulo():
24     first = int(raw_input('What is your first number? '))
25     second = int(raw_input('What is your second number? '))
26     print(first % second)
```

如上所示，你可以看到我们在其他函数后面如何添加取模函数。如果你仍然对取模的概念不是很清楚，那么也不用担心。你只要知道在设计游戏时可能会用到它就可以了，你可以在互联网上搜索一下相关内容，这样有助于更深入地了解取模。

运行程序

如要运行程序，请在命令行或者终端窗口中输入以下命令：

```
python first_calc.py
```

你的程序应该能够执行加法、减法、乘法、除法和取模运算，并且能为用户输入的每一组数字显示答案。如果程序运行时出现错误，计算机就会发送错误消息，通常会提示你什么地方出错了。错误消息甚至会告诉你文件中的哪一行代码有什么问题，这样更容易调试（即查找和修复错误）代码。

快 速 练 习

Q1 input() 函数返回什么类型的数据?

1. 元素。

2. 小数。

3. 字符串。

4. 整数。

Q2 int() 函数可以做什么?

1. 将数据转换为整数。

2. 将数据转换为字符串。

3. 什么也不能做。

4. 将一个函数转换为一个不同的函数。

Q3 float() 函数与 int() 函数有什么不同?

1. 它们没有区别,能做同样的事情。

2. float() 函数只处理字符串。

3. float() 函数只能将数据转换为浮点数。

4. float() 能将单词转换为数字。

Q4 如果你在 Python shell 中创建一个名为 addition() 的函数,那么你该如何运行和测试这个函数呢?

1. 在 Python shell 中输入 addition。

2. 在 Python shell 中输入 def addition。

3. 在 Python shell 中输入 addition()。

【 ✎ 将你的答案和本书最后"快速练习答案"中的答案比较一下。 】

现在你已经阅读完本章内容，希望你已经创建了一个可以运行的计算器程序！这个程序与你的第一个程序相比，具有更好的互动功能，可以实现更多的运算功能。所以，你可以与你的家人和朋友分享你的成果，向他们展示一下你是如何提高编程技能的。

在下一章中，我们将了解如何做出决策，并且通过学习如何让用户选择要执行的运算以及输入多少操作数字来改进我们的计算器程序。我们即将了解的内容会更加复杂，但我们会以循序渐进的方式，一步步理解我们所学的每一项内容。

决策——Python流程控制

首先恭喜你完成了第 3 章的内容，已经编写了一个计算器程序！如果你按照本书的指导进行编程，并且纠正了遇到的错误，那么就应该得到了一个可以实现两个数字间进行数学运算的计算器程序。

虽然第一个程序非常棒，但这个计算器还有很多局限，并不能给用户提供更多的选择。也就是说，当用户使用计算器时，程序只能将所有 5 个函数都运行完毕才能结束，或者是因发生错误而结束。

如果我们不需要计算器实现所有数学运算，而是通过用户回答问题的方式来让计算器执行特定的操作，那么我们又应该如何编写程序呢？我们可以使用 Python 来理解用户的数据，并且改变程序的运行方式。在本章中，你可以学习到如何使用控制流，这可以让我们的计算器程序做出选择，并且只运行用户所选择的代码。

在本章的最后，你将会编写一个可以根据用户的需要来选择所要执行的数学运算的计算器程序。你能够在运用控制流的基础上，根据需要来定制。

相等，不相等，还是什么

在学习条件语句之前，你需要知道计算机是基于比较运算符来实现决策的。这些比较运算符可以帮助我们比较两个对象，从而决定下一步做什么。比较运算符的列表如下：

比较运算符	
小于	<
小于等于	<=
大于	>
大于等于	>=
等于	==
不等于	!=

每一个比较运算符都可以用来比较两个值。其中最容易让人混淆的比较运算符是等于运算符，它使用了两个等号。这是因为，当我们创建一个变量时，使用的是一个等号。当我们比较两个值时，并不希望让计算机感到困惑，所以使用两个等号。当我们将比较运算符与 if、elif 和 else 语句结合使用时，可以编写出实现更佳决策的程序。

如果想要了解这些比较运算符的运作方式，我们可以打开 Python shell 并输入以下代码：

```
1 < 1
1 <= 1
1 > 1
1 >= 1
1 == 1
1 != 1
```

在每行代码下面都会显示单词 True 或者 False。如下所示，看看每行代码是如何利用数字 1 进行判断的。我们可以利用其他数字再进行测试，看看会发生什么情况，这样能够进一步了解比较运算符的运作方式。

```
Type "help", "copyright", "credits" or "license" for more information.
>>> 1 < 1
False
>>> 1 <= 1
True
>>> 1 > 1
False
>>> 1 >= 1
True
>>> 1 == 1
True
>>> 1 != 1
False
>>>
```

条件语句——if、elif 和 else

Python 中经常使用 3 种语句来控制程序的结果，分别是 if、elif 和 else 语句。

• if 语句会告诉程序，"如果"（if）用户要做这件事，那么要执行程序的这个部分。

• else 语句用于捕获用户要做但又不在方案中的任何事情。例如，你可以一起使用 if 和 else："如果"（if）用户选择加法运算，那么就执行加法运算，"否则"（else）执行其他程序。

【 elif 代表 else if，也就是说，if 条件下的第一件事没有发生，那么执行可能选项中的下一件事，直到用户的选择与可能选项相匹配为止。 】

• 当你想给程序提供两个以上的选择时，则可以使用 elif。你可以根据需要多次使用 elif。

• else 还可以作为可能选项的结束信号，并通知计算机程序。这时 else 的意思是，如果在你的程序中不会再发生其他事情，"或者"如果用户在程序中做了意想不到的事情，那么就结束这段代码。else 语句出现在以 if 语句开始的代码块的最后。

在下一节中，你会看到如何使用 if、elif 和 else。接下来还是用你的计算器程序进行试验，添加一些条件语句，使这个计算器程序更加灵活。

更佳的用户输入

为了能够让 if、elif 和 else 语句发挥作用，我们需要实现更佳的用户输入。为了达到这个目的，我们需要向用户提出更加合适的问题。接下来你会发现，在每一个 if、elif 和 else 的示例中，我们都会添加更多的 raw_input() 语句，从用户输入方面获取更多的信息。然后，我们会使用 if、elif 和 else 语句处理获得的这些信息，这样我们的计算器程序就可以更好地满足用户的需求。

为了实现向用户提出更合适的问题，我们需要打开 Python shell 并练习编写以下代码：

```
raw_input('add, subtract,multiply, divide, or modulo?')
```

现在我们可以要求用户输入运算名称来作为问题的答案，这样用户就可以选择他们想要执行的运算。当程序运行时，程序会向用户提这个问题，那么我们的程序如何知道怎样处理用户的回答呢？

if

if 语句的作用就是，如果用户做出一个选择，那么 if 语句会告诉程序完成特定的事情。为了更好地理解这一点，我们以下面的问题为例，来询问用户希望计算机执行什么运算：

```
Type "help", "copyright", "credits" or "license" for more information.
>>>
>>> raw_input('add, subtract, multiply, divide, or modulo? ')
add, subtract, multiply, divide, or modulo? add
'add'
```

为了达到练习的目的，我们先假设用户输入了 add 作为回答。现在，我们的程序并不知道，或者说并不考虑用户想要实现的加法运算。我们的程序还没有任何办法处理用户的回答，我们使用 if 语句来告诉程序需要它做什么。

因此，我们现在创建一个特殊的函数，并告诉计算机如何处理这个来自用户的新信息。为此，我们将使用文本编辑器添加和保存新的代码，然后在命令提示符下运行这些代码。这里需要提醒一下，命令提示符的当前工作目录应该设置为位于该项目文件夹内。

【 你可以参考第 1 章内容，复习一下如何找到你当前的工作目录。】

在文本编辑器中打开计算器程序之后，你可以将这个函数添加到程序中：

```
def calc_run():
    op = raw_input('add, subtract, multiply, divide, or modulo?')
    if op == 'add':
        addition()
```

将下面这行代码添加到程序文件的末尾，这样你就可以调用新的 calc_run() 函数：

趣味 Python 编程入门

```
calc_run()
```

现在，你可以删除在整个程序中对加法函数、减法函数、乘法函数、除法函数和取模函数的调用。因为我们不再需要直接调用这些函数，我们希望当用户选择时才调用这些函数。

在我们刚刚创建的calc_run()函数中，我们让计算机询问一个问题。一旦用户回答了这个问题，计算机就会检查用户的回答是否为加法。如果是，那么计算机将会运行加法函数。

elif

elif 语句允许我们为用户提供许多选择，这对可能要从加法函数、减法函数、乘法函数、除法函数和取模函数中进行选择的用户来说更合乎逻辑，使用 elif 语句可以让用户在很多运算中自主选择。这里使用 elif 语句的次数没有任何限制。

如果你想创建一个对 100 种不同信息进行响应的程序，那么你就可以编写 99 个 elif 语句。但是，这样操作真的很乏味，所以我们通常不会这么做。你可以观察一下下面代码中的一些变化，这些变化展示了如何通过使用 elif 语句来为用户提供数学运算的选项：

```
def calc_run():
    op = raw_input('add, subtract, multiply, divide, or modulo? ')
    if op == 'add' :
        addition()
    elif op == 'subtract':
        subtraction()
    elif op == 'multiply' :
        multiplication()
    elif op == 'divide':
        division()
    elif op == 'modulo':
        modulo()
```

你会注意到我们使用了 4 个 elif 语句。每个 elif 语句都匹配了我们想要的响应。现在我们来测试程序。同时，希望你已经在文本编辑器中将工作文件保存。请记得随时保存工作文件！

```python
3  def addition():
4      first = int(raw_input('What is your first number? '))
5      second = int(raw_input('What is your second number? '))
6      print(first + second)
7
8  def subtraction():
9      first = int(raw_input('What is your first number? '))
10     second = int(raw_input('What is your second number? '))
11     print(first - second)
12
13 def multiplication():
14     first = int(raw_input('What is your first number? '))
15     second = int(raw_input('What is your second number? '))
16     print(first * second)
17
18 def division():
19     first = int(raw_input('What is your first number? '))
20     second = int(raw_input('What is your second number? '))
21     print(first / second)
22
23 def modulo():
24     first = int(raw_input('What is your first number? '))
25     second = int(raw_input('What is your second number? '))
26     print(first % second)
27
28 def calc_run():
29     op = raw_input('add, subtract, multiply, divide, or modulo? ')
30     if op == 'add':
31         addition()
32     elif op == 'subtract':
33         subtraction()
34     elif op == 'multiply':
35         multiplication()
36     elif op == 'divide':
37         division()
38     elif op == 'modulo':
39         modulo()
40
41 calc_run()
42
```

按照以下步骤来尝试运行程序：

❶打开命令提示符或者终端。

❷将当前工作目录定位在项目文件夹下。

❸ 输入 python first_calc.py。

```
Jessicas-MacBook-Air-2:Desktop jessicanickel$ python first_calc.py
add, subtract, multiply, divide, or modulo? add
What is your first number? 4
What is your second number? 32
36
```

else

对于用户可能做出的所有我们无法预测的事情，else 语句为我们提供了一种管理方法。当用户输入一些信息触发 else 语句的时候，我们可以反馈给用户一些信息，或者直接结束程序。你的程序不一定需要使用 else 语句，但是，考虑到用户的输入选项和尽可能让用户明白，选择使用 else 语句是一个好做法。在下面的示例中，如果用户不选择加法运算、减法运算、乘法运算、除法运算或取模运算，那么我们将反馈给用户一条消息：

```python
def calc_run():
    op = raw_input('add, subtract, multiply, divide, or modulo? ')
    if op == 'add':
        addition()
    elif op == 'subtract':
        subtraction()
    elif op =='multiply':
        multiplication()
    elif op =='divide'():
        division()
    elif op =='modulo':
        modulo()
    else:
        print('Thank you. Goodbye')
```

```
32 def calc_run():
33     op = raw_input('add, subtract, multiply, divide, or modulo? ')
34     if op == 'add':
35         addition()
36     elif op == 'subtract':
37         subtraction()
38     elif op == 'multiply':
39         multiplication()
40     elif op == 'divide':
41         division()
42     elif op == 'modulo':
43         modulo()
44     else:
45         print('Thank you. Goodbye')
46
```

运行代码时，如果你输入的回答不是加法、减法、乘法、除法或者取模，那么程序应该显示"Thank you. Goodbye"（谢谢。再见）。现在来测试一下你的程序，看一看你编写的 else 语句是否起作用。

```
Jessicas-MacBook-Air-2:~ jessicanickel$ cd Desktop
Jessicas-MacBook-Air-2:Desktop jessicanickel$ python first_calc.py
add, subtract, multiply, divide, or modulo? none of these
Thank you. Goodbye
Jessicas-MacBook-Air-2:Desktop jessicanickel$
```

循 环

循环是流程控制的一种类型，它们可以一次又一次地重复执行相同的代码块，直到其他信息告诉循环停止为止。这种语句与条件语句有所不同，因为条件语句只执行一次代码块。while 和 for 是两种不同的循环方式，这两种循环方式都非常有用。

while

while 是一种循环类型。当你执行 while 循环时，程序会重复运行，直到事先给定的代码块发生作用。在编写 while 循环时，我们需要创建一些规则，否则我们的程序将不停地运行下去。

例如，我们可以在计算器启动时，执行以下步骤：

❶ 运行计算器。

❷ 提示用户使用计算器运算。

❸ 当用户触发 else 语句时，关闭计算器。

接下来，我们一步步仔细检查每一行代码，为了能让 while 循环起作用，你需要增加和修改下面的内容。

全局变量和 quit() 函数

我们将在 quit() 函数中创建一个全局变量。这个变量可以让我们对 quit() 函数像使用电源开关一样进行控制，从而关闭正在运行的 calc_run() 函数。

首先，我们创建一个名为 calc_on 的全局变量。以这种方式为我们的计算器设置一个"启动"按钮，这个全局变量应该在代码的顶部输入，而且不需要缩进：

```
calc_on = 1
```

全局变量在整个程序中可以被所有函数使用。如果你想在一个函数中使用全局变量，则可以在这个函数的内部输入单词 global，接着再输入变量的名称。你可以参考一下后面的示例。

现在，我们有了一个可以作为"启动"按钮的全局变量，可以在程序中的任何位置使用这个变量。接着，我们将创建 while 循环所需的代码块。我们需要为程序添加一种不断重复执行的方法，这样用户就可以连续地实现运算，而不必每次运算都要重新启动程序。另外，我们需要为用户添加一种退出程序的方法。这次，我们将从后往前来编写程序，先编写 quit() 函数：

```
def quit():
    global calc_on
    calc_on = 0
```

我们编写了 quit() 函数的代码。这个函数第二行使用了我们的 calc_on 全局变量，第三行则将 calc_on 的数值变为 0。这里我们通过将数值从 1 变为 0 的方式，告诉程序关闭计算器并停止运行代码。

使用 quit() 函数

我们将改变代码中的 else 语句，目的是使其运行 quit() 函数，而不是显示消息。看一看以下代码，理解一下我们对 else 语句的改变：

```
def calc_run():
    op = raw_input('add, subtract, multiply, divide, or modulo?')
    if op == 'add':
        addition()
    elif op == 'subtract':
        subtraction()
    elif op == 'multiply':
        multiplication()
    elif op == 'divide':
        division()
    elif op == 'modulo':
        modulo()
    else:
        quit()
```

现在，已经具备了"启动"按钮、全局变量 calc_on、"关闭"按钮和 quit() 函数，接下来我们添加 quit 这个单词来作为一个选项，添加到我们从用户获取信息的那一行代码中：

```
op = raw_input('add, subtract, multiply, divide, modulo, quit?')
```

利用 while 循环控制程序

用户可以通过简单地输入单词 quit 来退出程序。但是根据用户的意愿，我们希望能够允许用户一直运行程序。为此，我们将使用 while 循环。在代码的底部，我们只需简单地编写如下代码：

```
while calc_on == 1:
    calc_run()
```

while 循环的含义是，当"启动"按钮开启时，运行 calc_run() 函数。如果用户将 calc_on 变量改变，使其数值不是 1，那么停止运行 calc_run() 程序。

quit() 函数将 calc_on 的数值变为 0，意味着我们的程序会停止运行。while 循环对程序中正在运行的部分非常有用，可以利用简单的变量来启动或停止循环，下面我们对计算器所做的修改就是类似的情况：

```
27
28 def quit():
29     global calc_on
30     calc_on = 0
31
32 def calc_run():
33     op = raw_input('add, subtract, multiply, divide, or modulo? ')
34     if op == 'add':
35         addition()
36     elif op == 'subtract':
37         subtraction()
38     elif op == 'multiply':
39         multiplication()
40     elif op == 'divide':
41         division()
42     elif op == 'modulo':
43         modulo()
44     else:
45         quit()
46
47 while calc_on == 1:
48     calc_run()
```

for

for 循环是另外一种循环类型。我们将使用 for 循环来为计算器创建一个具有额外功能的函数。for 循环和 while 循环之间最大的区别在于，当你确切知道需要重复多少次循环时，就会使用 for 循环。而在 while 循环中，我们不知道用户什么时候会使用完计算器。用户可能想要做 1 个计算，或者想要做 10 个计算，在这种情况下，while 循环是很灵活的，而 for 循环则更严格、更精确。

那么，为什么我们不一直使用 while 循环呢？因为有时候我们知道完成一个任务需要做什么，并不希望完成这个任务后还继续进行。for 循环非常适用于明确了循环次数的情况。例如，假设你有一个数字列表，你想要显示列表中的所有数字。再假设你想显示 1 ~ 10 的数字，那么你必须单独显示每个数字，就像下面这样：

```
print(1)
print(2)
print(3)
print(4)
print(5)
print(6)
print(7)
print(8)
print(9)
print(10)
```

这里有很多行代码，但它们都在做同样的事情！这种输入方式非常浪费空间和时间。所以，我们可以用 for 循环来替代它们，输入的代码如下所示：

```
for n in range(1, 11):
    print(n)
```

```
>>> for n in range(1, 11):
...     print(n)
...
1
2
3
4
5
6
7
8
9
10
>>>
```

首先，你会看到我们在 range(1, 11) 中输入了 n。这个含义就是代表 1 ~ 11 之间的每个数字，但是不包括 11。

你会注意到，我们调用了一个名为 range() 的函数，它是一个内置的 Python 函数，允许我们指定一个数字范围，而不必每个都写出来。range() 函数不包含最后一个数字，所以你可以看到第二个数字是 11，而不是 10。你可以扩大数字的范围，比如试一下 range(1, 1000)，看看会发生什么情况。

以上是 for 循环的基础知识，当我们想对数字列表、字母、单词或其他对象重复执行代码时，运用 for 循环是非常有用的。

额外功能——count_to_ten() 函数

为了给我们的计算器增添一点趣味，我们来创建一个"计数"（count）函数，可以显示 1 ~ 10 的数字。接下来，我们可以将这个函数添加到之前的选项列表中。首先，我们考虑如何使用前面的 for 循环。然后，我们将 count_to_ten() 函数复制到 first_calc.py 程序中，插入在 modulo() 函数和 quit() 函数之间：

```
def count_to_ten()
    for number in range(1, 11):
    print(number)
```

在 op 变量中添加 ten 选项，如下所示：

```
op = raw_input('add, subtract, multiply, divide, modulo, ten, or quit?')
```

最后，在 if、elif、else 的流程控制中添加一个处理 ten 的 elif 语句，如下所示：

```
elif op == 'ten':
    count_to_ten()
```

这样会显示提供给用户的选项，然后当用户输入 ten 单词时，计算器将显示从 1 ~ 10 的数字。这段代码的运行情况如下所示：

```
Jessicas-MacBook-Air-2:Desktop jessicanickel$ python first_calc.py
add, subtract, multiply, divide, modulo, ten, or quit? ten
1
2
3
4
5
6
7
8
9
10
add, subtract, multiply, divide, modulo, ten, or quit? quit
Jessicas-MacBook-Air-2:Desktop jessicanickel$
```

快 速 练 习

Q1 elif 语句在 if 、 elif 、 else 控制流中能够出现多少次?

1. 只有一次。

2. 两次。

3. 根据需要确定次数。

4. 10 次。

Q2 为了执行决策,下面哪个语句用于条件代码块的开始?

1. else 。

2. if 。

3. elif 。

4. while 。

Q3 下面哪个语句只用于条件代码块的结尾?

1. else 。

2. if 。

3. elif 。

4. while 。

Q4 什么是全局变量?

1. 仅限于一个函数使用的变量 。

2. 可以被许多函数共享的变量 。

3. 如果在函数内部,这种变量名称前面要使用 global 。

4. 选项 2 和选项 3 都对。

Q5 什么是 while 循环?

1. 仅运行一次代码的循环。

2. 代码运行固定次数的循环。

3. 可以重复运行代码，直到发生不同的情况然后停止的循环。

4. 什么都不做的循环。

【 将你的答案和本书最后"快速练习答案"中的答案比较一下。 】

小 结

在本章中，你学习了许多新概念。你知道了比较运算符，这种符号允许我们比较两个对象。你了解了 if、elif 和 else 条件语句，它们可以告诉程序如何根据用户输入的信息做出不同的决策。你还学习了 for 循环和 while 循环，两者对编写提供反馈的程序来说，有着非常重要的作用。你还了解了一些关于使用全局变量的内容，这种变量可以被程序文件中的所有函数共享。

希望你能跟上本书的步伐！你可能会感到有点复杂，但在下一章中，我们将通过创建一些新项目来回顾在本章学习的概念。

## 第5章

循环和逻辑

在上一章中，你已经学习了如何通过使用逻辑判断，如 if、elif 和 else 条件语句，来设计程序，实现对用户多方面输入的响应。此外，你还学习了如何使用 while 循环和 for 循环。在本章中，我们将创建第一个迷你游戏，可以称其为"是高还是低（Higher or Lower）"。这个游戏是一个数字猜谜游戏，我们将用条件和循环的组合来让这个游戏响应用户的很多需求。

记住，要随时保存你的每一步工作，这样才能保证代码的正确性！

"是高还是低"

　　"是高还是低"是一个数字猜谜游戏。在这个游戏中，计算机将会随机选择一个数字，而用户来猜测计算机所选择的这个数字。实际上，有很多方式来创建这个游戏，已经有很多人以不同方式创建了这个游戏。

　　我们的这个游戏将有两种模式：

- 简单级别。

- 困难级别。

　　计算机首先会从 1 ~ 100 中随机选择一个未知数字。在简单级别中，玩家将有无数次机会来猜出正确的数字。在困难级别中，玩家只有 3 次机会来猜出正确的数字，如果没有猜对，玩家就会输掉游戏。

　　这个游戏可以用不同的方式来编写代码，而且每种方式都可以很好地达到目的，这也正是编程最了不起的地方之一。但是，我们这里编写代码将重点讨论使用 while 循环创建简单级别，而使用 for 循环来创建困难级别。这样能够让我们更加熟悉循环的使用，而且创建一个具有不同模式的游戏也是一种挑战。

　　若想成功完成本章的游戏，请务必遵照本章的每节的要求，并且确保在开始下一节前，你已了解所有正在创建的游戏细节。依照本章的指导，你可以通过运行程序来测试你的代码，了解整个游戏是如何运作的。

在本章的最后，你将会得到自己第一个具备完整功能的游戏。

游戏文件设置

当你开始考虑创建"是高还是低"这样一个数字猜谜游戏的时候，你可以先编写一些可能会用到的代码，就像在创作一本图书之前先列一下大纲一样。也就是说，你可以利用注释来将所有的程序逻辑放在代码中，即使你并不确定这些代码能否正常运行。在这个游戏的程序文件中，我们需要对简单级别和困难级别分别编写代码，以及创建一个开始游戏的函数和一个结束游戏的函数。

在开始创建游戏之前，你需要准备好编写代码的工具：

• 在 Windows 操作系统中打开 Notepad++，或者在 mac OS 或 Ubuntu 操作系统中打开 jEdit。

• 在 Windows 操作系统中打开命令提示符，或者在 mac OS 或 Ubuntu 操作系统中打开终端，找到并定位在项目文件夹下。

• 打开 Python shell，这样我们在编写程序时可及时测试代码。

在文本编辑器中创建一个新的文件，命名为 higher_lower.py 并保存。然后，我们开始为简单级别编写注释。Python 代码中的单行注释以 # 号开头：

```
# this is a comment
```

在你的文件里输入下列注释，并且每两行注释之间留出一个空行，然后记得保存文件。

```
# imported libraries go here

# global variables go here

# function for easy version

# function for hard version

# function to start game

# function to stop game

# function calls go here
```

在文本编辑器中，这些注释看起来如下所示：

```
 1 # imported libraries go here
 2
 3 # global variables go here
 4
 5 # function for easy version
 6
 7 # function for hard version
 8
 9 # function to start game
10
11 # function to stop game
12
13 # function calls go here
```

导入函数库

对于这个数字猜谜游戏，我们需要导入random函数库。我们将利用这个函数库中的一些函数，在每次游戏开始时随机选择一个数字。每一次游戏都从随机选择一个数字开始，这意味着游戏玩家每次都要猜测一个不同的数字，这样游戏的体验更有乐趣。要想导入random函数库，我们需要使用import语句和库名称。在代码文件中，输入以下代码替换注释"# imported libraries go here"：

```
import random
```

导入 random 函数库就可以调用其中的许多函数，这些函数以不同的方式创建随机字符串和数字。如果有必要编写一个生成密码的程序，你甚至可以利用这个函数库创建加密的字符串和数字，而且运行效果非常好！

设置和初始化全局变量

现在我们已经导入所需要的函数库，接着要设置全局变量。这里提醒一下，全局变量是一种在整个代码文件的任何地方都可以使用的变量。正如我们在上一章中的计算器程序中看到的，全局变量是一种很有用的变量。因为我们可以使用它们来定义程序的状态，并能够在不同的函数中改变程序的状态。

例如在计算器程序中，我们有一个名称为 calc_on 的全局变量。在这个数字猜谜游戏中，我们也将设置几个全局变量。输入以下语句替换注释 "# global variables go here"：

```
game_on = None
guesses = None
secret = None
```

这里，game_on 变量保证程序持续运行，guesses 变量说明玩家将得到多少次猜数字的机会。secret 变量则是计算机随机选择的一个数字，而且在游戏每次重新启动时，这个随机选择的数字都会发生变化。

这些全局变量与我们在上一章中使用的变量有所不同。为什么这些全局变量都设置为 None 呢？因为将全局变量设置为 None，每次在程序中调用这些全局变量时，都可以很容易将它们重置为 None 或者 0。

什么是布尔值

我们将使用 True（正确）和 False（错误）两个单词来帮助我们的游戏程序在简单级别和困难级别两个模式中运行。在大多数的计算机编程语言中，这两个单词都有一个特殊的名称：布尔值。那么，什么是布尔值呢？所谓布尔值，只有两个值，即正确和错误。当一个变量只有这两种可能值时，布尔值是非常有用的。例如，一个游戏可以启动和关闭。我们有一个名为 game_on 的全局变量。如果该变量设置为 True（正确），就意味着我们的游戏正在进行；如果该变量设置为 False（错误），则意味着我们的游戏已经停止。

在第 4 章中，你已经知道比较运算符语句如何显示 True（正确）或者 False（错误）。在本章中，我们将使用 True 和 False 来控制程序的运行。

创建简单级别模式

我们现在已经创建了全局变量，导入了函数库，接下来就可以按照所需的逻辑创建游戏的简单级别模式。我们编写的这段代码会告诉计算机，如果玩家决定玩游戏的简单级别应该怎么做：

首先，我们需要命名和定义函数：

```
def difficulty_level_easy():
```

依照函数的功能为函数命名是一个很好的习惯，这样你就可以记住它的作用。为函数命名之后的第一件事，是从全局变量获得我们需要的信息。在这个函数中，我们将 secret 变量设置为全局变量。在这个函数的前两行引入变量，并且必须在变量名称前输入 global：

```
def difficulty_level_easy():
    global secret
    secret = int(random.randrange(0,100))
```

我们已经使用 int(random.randrange(0，100)) 将全局变量 secret 从没有任何东西（None）到设置为 0 ~ 99 的整数。这意味着，当游戏开始时，计算机会从 0 ~ 99 之间选择一个秘密数字，而玩家必须猜出这个数字。现在我们需要创建大家所认定的获胜条件。换句话说，我们需要创建游戏输赢的判定方式。那么，让我们一起来思考一下这个问题。

【 你能说说游戏获胜和游戏输掉的含义是什么吗？你可不可以给出一个示意图？建议你在复制代码之前尝试一下！ 】

希望你在阅读下面内容之前，能自己尝试弄明白这个游戏是如何运作的。解决难题是创建游戏的一个关键环节，而解决问题则是一种通过实践而发展起来的技能。因此，我们现在将编写代码来判定玩家是赢还是输。

这个游戏简单级别模式的获胜条件很简单，就是玩家不限次数地猜到正确的数字。为了让游戏能够顺利运行，我们将使用 while 循环，这是我们在第 4 章中学习过的知识，因为使用 while 循环，我们不需要设置执行循环的次数，所以这里使用 while 循环是非常合适的。在程序中只要 game_on=True 的条件成立，我们的 while 循环就会一直执行。对于这个简单级别模式，我们先假设 game_on 为 True。下面我们将编写 game_on 的代码：

```
def difficulty_level_easy():
    global secret
    secret = int(random.randrange(0,100))
    while game_on:
```

我们已经编写的代码，可以用来设置数字并且运行游戏。现在，我们需要把一些命令放在 while 循环中，这样可以让 while 循环知道应该做什么。我们希望玩家做的第一件事是猜数字，需要使用 raw_input() 函数从玩家获取信息。我们将这行代码添加到函数中：

```
def difficulty_level_easy():
    global secret
    secret = int(random.randrange(0,100))
    while game_on:
        guess = int(raw_input('Guess a number. '))
```

看看我们添加的最后一行代码，guess 变量设置为玩家输入的信息。因为这个游戏生成的是随机数字而不是随机字符串，所以我们使用 int() 将玩家输入的信息从一个字符串转为一个数字。我们想要把数字和数字进行比较。事实上，我们也必须进行数字之间的比较。如果在 raw_input() 函数的外面不添加 int() 函数，那么这个程序将不会运行。在进行下一步之前，请确定你理解了最后一行代码的含义。

另外，你可能会注意到，在输入语句中的句号后面有一个额外的空格，即 guess = int(raw_input ('Guess a number. '))。在句号后面和字符串结尾之前添加空格，将会告诉计算机显示这个额外的空格，这样使玩家更容易读懂代码。如下所示就是这个空格造成的差异：

这是没有额外空格的代码：

```
Jessicas-MacBook-Air-2:Chapter5 jessicanickel$ python higher_lower.py
Welcome. Type easy, hard, or quit. easy
Guess a number.3
```

请注意，当在句号后面添加额外空格后，显示的内容看起来更清晰明了：

```
Jessicas-MacBook-Air-2:Chapter5 jessicanickel$ python higher_lower.py
Welcome. Type easy, hard, or quit. easy
Guess a number. 2
```

比较数字

接下来的几行代码要解决判断功能。我们必须告诉计算机，如果玩家给出的数字太高或者太低，计算机应该怎么做。我们还必须告诉计算机，当玩家获胜时它又应该怎么做。为了告诉计算机应该怎么做，我们需要执行以下3个步骤：

❶ 将玩家猜测的数字与计算机随机选择的未知数字进行对比。

❷ 根据玩家猜测的数字向玩家显示，提示他们猜测的数字是太高、太低，还是正好。

❸ 为了比较数字，我们将使用在第4章中学习到的比较运算符。

我们将用到3种比较运算符：大于（>）、小于（<）和等于（==）。

因为这里有3种可能，所以我们需要使用 if、elif 来告诉计算机可能发生什么情况。

首先，让我们用语言来解释逻辑。然后，我们可以将其转换成代码。你在开始编码之前，最好先思考以下问题，这有助于你知道将会有什么结果出现：

• "如果"（if）玩家猜测的数字大于计算机随机选择的未知数字，则计算机会显示"你猜的太高了。再试一次。"（Your guess is too high. Try again.）。

• "如果"（elif）玩家猜测的数字小于计算机随机选择的未知数字，则计算机会显示"你猜的太低了。再试一次。"（Your guess is too low.Try again.）

• "如果"（elif）玩家猜测的数字正好与计算机随机选择的数字一样，则计算机会显示"你赢啦！"（You win!）。

【 🖊 你能否画出来、写出来，或者想象一下这些代码是如何运行的？ 】

我们已经考虑了程序的逻辑过程，现在看一下有哪些代码被添加到函数中：

```
def difficulty_level_easy():
    global secret
    secret = int(random.randrange(0,100))
    while game_on:
        guess = int(raw_input('Guess a number. '))
        if guess > secret:
            print('your guess is too high. Try again.')
        elif guess < secret:
            print('your guess is too low. Try again.')
        elif guess == secret:
            print('You win!')
            play_again()
```

这里我们有 7 行新代码，针对玩家可能输入的 3 种可能：

• 如果玩家猜测的数字高了，那么玩家必须输入另一个数字，而 while 循环返回再次运行代码。

• 如果玩家猜测的数字低了，那么玩家必须输入另一个数字，而 while 循环返回再次运行代码。

• 当玩家猜测的数字与计算机随机选择的数字相同时，程序会显示"You win！"，并且调用一个名为 play_again() 的函数。

【 🖊 因为这是一个简单级别的模式，所以无论玩家猜测多少次，while 循环都会一直运行，直到玩家最终猜测到正确的数字。 】

play_again()

我们在 difficulty_level_easy() 函数的末尾添加一个名为 play_again() 的函数。之前我们曾经做过在一个函数的内部调用另一个函数，这里也是如此。但是，我们必须先创建这个函数，因为它还不存在。

play_again() 函数将询问玩家是否想再次玩游戏，然后判断是否运行程序。当 while 循环最终运行到 play_again() 函数时，它将会结束 difficulty_level_easy() 函数中的循环代码，并继续运行 play_again() 函数自己的代码。

```python
import random

game_on = None

guesses = None

secret = None


def difficulty_level_easy():
    global secret
    secret = int(random.randrange(0,100))
    while game_on:
        guess = int(raw_input('Guess a number. '))
        if guess > secret:
            print('your guess is too high. Try again.')
        elif guess < secret:
            print('your guess is too low. Try again.')
        elif guess == secret:
            print('You win!')
            play_again()
```

在本章的下一节中，我们将创建启动、停止和再玩一次所需的函数。

启动、停止、再玩一次

至此，你创建了这个游戏的简单级别模式，并且想要测试和试玩这个游戏，看看实际运行情况如何。如果你现在尝试运行该代码块，将会发生以下两种情况：一种是运行完美，什么都不会发生；另一种是如果编写的代码有问题，你会得到一个错误的信息。但无论哪种情况，你都不能马上利用这些代码来运行程序，因为程序根本无法启动！

我们将创建一些辅助（helper）函数来执行我们的代码，包括可以再次玩这个游戏的函数。我们将创建两个辅助函数：start_game() 和 play_again()。我们可以结束循环，并在 start_game() 和 play_again() 这两个函数的末尾将 game_on 的布尔值改为 False。

🖱 start_game()

在你的 higher_lower.py 文件中，在注释 "# function to start game" 的位置，用以下代码替代：

```
def start_game():
```

我们已经定义了启动游戏的函数。下一步是调用（使用）我们的 game_on 全局变量，然后将变量值设置为 True。这是告诉这个函数，游戏正处于启动状态。

```
def start_game():
    global game_on
    game_on = True
```

一旦我们指示计算机启动游戏，就需要游戏玩家告诉计算机他们想做什么。利用 input() 函数或 raw_input() 函数，我们时刻准备从玩家那里获取信息。我们将创建一个名为 level 的变量，该变量将接受玩家输入的信息，而我们将给玩家提供 3 个选项：简单、困难和离开。在你的代码文件中添加以下代码，确定并保存工作文件：

```
def start_game():
    global game_on
    game_on = True
    level = input('Welcome. Type easy, hard, or quit. ')
```

现在我们已将从玩家获得的信息存储在 level 变量中，可以利用比较运算符进行比较，并且可以使用 if 和 elif 的逻辑来决定我们的程序应该做什么。

下面有一些示例你可以参考：

• "如果"（if）玩家输入"easy"选择简单级别，那么计算机将运行 difficulty_level_easy() 函数。

• "如果"（elif）玩家输入"hard"选择困难级别，那么计算机将运行 difficulty_level_hard() 函数。

• "如果"（elif）玩家决定退出离开，那么我们将把全局变量 game_on 的布尔值设置为 False，利用这种方式来将程序从正在运行改为停止。

我们根据用户的选择来为计算机添加逻辑判断，从而启动正确的游戏级别，这里需要增加 7 行新代码：

```python
if level == 'easy':
    difficulty_level_easy()
elif level == 'hard':
    difficulty_level_hard()
elif level == 'quit':
    game_on = False
    print('Thanks for playing.')
```

倒数第二行代码需要我们特别注意，我们将全局变量 game_on 的值更改为 False，使程序结束。另外，我们还需要关注 start_game() 函数是如何在自己的内部调用其他函数的。当玩家输入 easy 来选择简单级别模式的时候，我们开始运行 difficulty_level_easy() 函数。

play_again()

另一个辅助函数是 play_again() 函数。我们在 difficulty_level_easy() 函数的最后使用这个函数，这样可以允许玩家选择是否再次玩游戏。现在，你可能开始明白这是一种信息处理方式，目的就是帮助计算机做出选择，我们通过 input() 或 raw_input() 来获取信息进行处理。我们可以使用 if 和 else 来将玩家的选择与我们事先编写的一组选项进行比较。然后，按照我们的想法对选择结果进行编程。

play_again() 函数将询问玩家是否想再次玩游戏。我们将提示玩家输入 "Yes"（是）或者 "No"（否）：

```
def play_again():
    global game_on
    game_on = True
    play = raw_input('Play again? Yes or No. ')
```

对我们的程序来说，只接受玩家的两种选择，这样我们可以使用 if 和 else 来解释即将发生什么情况。如果用户输入 "Yes"（是），那么 start_game() 函数将运行，程序将继续运行。如果用户输入 "No"（否），那么全局变量 game_on 将被设置为 False，程序将停止。所以，我们将添加以下几行代码：

```
    if play == 'Yes':
        start_game()
    else:
        game_on = False
        print('Thanks for playing.')
```

游戏测试

在完成创建 play_again() 函数之后，你只需要再添加几行代码，就可以测试这个游戏的简单级别模式！我们的代码文件将在最后一行调用 start_game() 函数。

start_game()

添加了 start_game() 函数之后，就可以测试这个游戏的简单级别模式。现在是进行游戏、停止游戏、保存和测试的好时机。你可以自己或者同时邀请其他人，多次玩这个游戏，确保完全理解这个游戏如何运行。

你可能想改变某些输入问题，这样可以让测试变得更有趣，或者得到不同的结果。测试代码、更改，并确保程序正常运行完全由你做主！

```python
def start_game():
    global game_on
    game_on = True
    level = raw_input('Welcome. Type easy, hard, or quit. ')
    if level == 'easy':
        difficulty_level_easy()
    elif level == 'hard':
        difficulty_level_hard()
    elif level == 'quit':
        game_on = False
        print('Thanks for playing')


def play_again():
    global game_on
    game_on = True
    play = raw_input('Play again? Yes or No. ')
    if play == 'Yes':
        start_game()
    else:
        game_on = False
        print ('Thanks for playing.')

start_game()
```

【 记得保存你的工作文件！请转到终端并定位在你的项目文件夹下。 】

当你输入下面的代码时,你的代码应该在命令提示符或终端中运行。要测试代码，请确保你输入的答案是"easy"，这样就可以运行你刚刚编写完成的简单级别模式的代码：

```
python higher_lower.py
```

```
Jessicas-MacBook-Air-2:~ jessicanickel$ cd Desktop
Jessicas-MacBook-Air-2:Desktop jessicanickel$ python2.7 higher_lower.py
Welcome. Type easy, hard, or quit. easy
Guess a number. 33
your guess is too low. Try again.
Guess a number. 66
your guess is too high. Try again.
Guess a number. 35
your guess is too low. Try again.
Guess a number. 45
your guess is too low. Try again.
Guess a number. 56
your guess is too low. Try again.
Guess a number. 57
your guess is too low. Try again.
Guess a number. 60
your guess is too high. Try again.
Guess a number. 59
You win!
Play again? Yes or No.No
Jessicas-MacBook-Air-2:Desktop jessicanickel$
```

创建困难级别模式

这个游戏的困难级别模式与简单级别模式的获胜条件只有一个区别。困难级别模式只允许玩家有 3 次机会猜测数字，之后只能重新开始游戏！因此，我们可以使用 for 循环来定义猜测次数。

首先，我们将给游戏的困难级别模式定义函数：

```
def difficulty_level_hard():
```

接下来，我们将添加全局变量。在困难级别模式中，我们需要使用全局变量 guesses，并且根据这个程序需要将 guesses 的值设为 3：

```
def difficulty_level_hard():
    global guesses
    guesses = 3
```

现在，我们需要创建逻辑关系。这里我们将使用 for 循环，因为这样可以只运行所需的循环次数。因此，我们将添加一行代码，即"for i in range (guesses):"，其含义是每次循环只要 i 的数值在变量 guesses 的数值范围内，就需要运行我们的代码。

首先，我们需要添加下面这些代码：

```
def difficulty_level_hard():
    global guesses
    guesses = 3
    for i in range(guesses):
```

这里使用字母 i 代表一个单独的数字，使用单词 range 来告诉计算机检查变量 guesses 的总数值，这里我们设为 3。

接下来，我们将编写代码来获得玩家输入的数字，比较一下玩家猜测的数字和计算机随机选择的秘密数字，并且用 if 或 elif 逻辑为玩家显示比较信息，还有再次运行循环。

在你将 for 循环的代码复制到你的程序里之前，一定要搞清楚 for 循环与 while 循环之间的差异，如果你能够写出来、画出来或者解释清楚两者之间工作方式的不同，你将学会更多关于 for 循环工作方式的知识。

困难级别模式的数字比较

相对于 while 循环，使用 for 循环究竟遵循什么逻辑呢？正如我们前面提到的那样，for 循环多是确定具体的循环次数。所以，对 "for i in range (guesses):" 这行代码来说，实际上我们可以这样表述：

- 对于第一次猜测，执行这样的代码。

- 对于第二次猜测，也执行这样的代码。

- 对于第三次猜测，如果玩家仍然猜测错误，则停止使用 for 循环，显示提示信息，并且运行 play_again() 函数。

现在你对这个循环的逻辑概念有了更好的理解，接下来就为我们的 difficulty_level_hard() 函数添加 for 循环：

```python
def difficulty_level_hard():
    global guesses
    global secret
    guesses = 3
    secret = int(random.randrange(0,100))
    for i in range(guesses):
        guess = int(raw_input('Guess a number. '))
        if i == 2:
            print('Game over. Too many guesses.')
            play_again()
        elif guess > secret:
            print('your guess is too high. Try again.')
        elif guess < secret:
            print('your guess is too low. Try again.')
        elif guess == secret:
            print('You win!')
            play_again()
```

正如在上面代码中看到的，在 for 循环下面的第一行代码中，我们使用了 raw_input() 函数，指派变量 guess 获取来自玩家输入的信息。然后，我们为这个游戏的困难级别设定胜利条件。在本示例中，如果 i（即

guesses 猜测次数）等于 2，那么游戏重新开始。这是因为我们使用的范围函数是从 0 开始计数的，所以就会有 3 个数字，分别是 0、1 和 2。for 循环的前两行使用比较运算符（==）来检查玩家是否已经猜测了太多次。如果玩家已经猜测了太多次，那么循环结束并且显示消息 "Game over. Too many guesses." 。

我们已经确定了如果玩家在 for 循环中猜测了太多次会发生什么情况。现在，我们将明确在玩家猜测的数字太高或太低时将会发生什么情况。这里，我们利用在简单级别模式中曾使用过的相同的比较运算符，分别为大于（>）、小于（<）和等于（==），无论玩家猜测的数字太高还是太低，我们都会显示消息。

请注意，我们调用 play_again() 函数两次。如果玩家猜测次数过多导致游戏失败，或者玩家游戏获胜，我们都为玩家提供再玩一次（Play again）的机会。这样，当游戏失败或者获胜时，都是 for 循环停止运行的时刻，所以我们需要确保在这两个条件之后添加 play_again() 函数。

```
Jessicas-MacBook-Air-2:Chapter5 jessicanickel$ python higher_lower.py
Welcome. Type easy, hard, or quit. hard
Guess a number. 5
your guess is too low. Try again.
Guess a number. 9
your guess is too low. Try again.
Guess a number. 87
Game over. Too many guesses.
Play again? Yes or No. No
Thanks for playing.
Jessicas-MacBook-Air-2:Chapter5 jessicanickel$
```

测试整个游戏程序

现在你可以看一看所做的成果了！转到终端，输入以下命令再次运行程序：

```
python higher_lower.py
```

首先，你需要确保程序运行正常。如果你得到了错误消息，那么立即检查代码，确保它没有任何问题，例如：

- 字符间距或缩进。

- 拼写错误。

- 语法问题（标点符号用法）。

以上这些是我们在编写程序过程中遇到的常见问题。你通常会得到一条名为 Traceback 或 stacktrace 的错误消息，会告诉你代码中的哪一行导致了该问题的发生。下面是当玩家输入单词 three 而不是数字 3 时发生的情况：

```
Jessicas-MacBook-Air-2:Chapter5 jessicanickel$ python higher_lower.py
Welcome. Type easy, hard, or quit. easy
Guess a number. three
Traceback (most recent call last):
  File "higher_lower.py", line 67, in <module>
    start_game()
  File "higher_lower.py", line 49, in start_game
    difficulty_level_easy()
  File "higher_lower.py", line 15, in difficulty_level_easy
    guess = int(raw_input('Guess a number. '))
ValueError: invalid literal for int() with base 10: 'three'
```

在让其他人玩这个游戏之前，你可能会进行一些测试，我们称为测试用例。你不仅需要考虑程序是如何运行的，而且需要考虑用户可能中断程序运行的所有操作。下面是一些可以进行测试的项目，其中有的可能会中断程序的运行。

- 这个游戏的简单级别和困难级别模式是否都可以运行？

- 如果输入 quit，会发生什么情况？

- 如果输入的数字大于 99，会发生什么情况？

- 当输入单词 three 而不是数字 3 时，会发生什么情况？

- 你能否强制程序出错（有很多方法可以让程序出错，所以你可以发挥创意）？如果能，那么请你注意错误消息，并考虑如何防止错误发生。

你可能不明白某些错误消息的含义，但这没有关系，一般可以通过互联网来搜索相似的错误消息，查看一下其他人已经了解的相关信息。

在你完成游戏测试，感觉可以分享给大家之前，可以先邀请其他人玩一下，并且观察玩家与游戏的互动情况。在观察玩家游戏的同时，你可以问自己如下问题：

- 对玩家来说，很容易明白的是什么？
- 对玩家来说，很难理解的是什么？
- 玩家引起了什么错误？
- 我该如何更改游戏代码，让游戏变得更好？

你要学习如何成为一个具有创造力的问题解决者。如果你觉得这个程序中有些代码需要重新编写，那么你应该尝试一下！首先，将当前的工作代码备份一份副本，然后开始实际尝试一些不同的选择。你可以使用如下一些示例：

- 可以扩大游戏困难级别的取值范围（0，1000），这样玩家猜准的难度更大。
- 为每个提示信息添加你的个人风格。
- 添加一个变量来获取玩家名称，并显示。

上面的每个示例都可以用来挑战一下自己，并且能够进一步提高程序的水平！根据如下所示，再一次检查你的程序，并且确定通过本章内容的学习，可以回答接下来的问题。

```
24
25  def difficulty_level_hard():
26      global guesses
27      global secret
28      guesses = 3
29      secret = int(random.randrange(0,100))
30      for i in range(guesses):
31          guess = int(raw_input('Guess a number. '))
32          if i == 2:
33              print('Game over. Too many guesses.')
34              play_again()
35          elif guess > secret:
36              print('your guess is too high. Try again.')
37          elif guess < secret:
38              print('your guess is too low. Try again.')
39          elif guess == secret:
40              print('You win!')
41              play_again()
42
43
44  def start_game():
45      global game_on
46      game_on = True
47      level = raw_input('Welcome. Type easy, hard, or quit. ')
48      if level == 'easy':
49          difficulty_level_easy()
50      elif level == 'hard':
51          difficulty_level_hard()
52      elif level == 'quit':
53          game_on = False
54          print('Thanks for playing')
55
56
57  def play_again():
58      global game_on
59      game_on = True
60      play = raw_input('Play again? Yes or No. ')
61      if play == 'Yes':
62          start_game()
63      else:
64          game_on = False
65          print ('Thanks for playing.')
66
67  start_game()
```

快 速 练 习

Q1 什么是布尔值?

1. 表达 True（正确）或者 False(错误)。

2. 表示有许多的可能结果。

3. 用于变量名称。

4. 用于一个地方。

## 5

Q2 为什么全局变量很有用处?

1. 因为它们的使用范围受到限制。

2. 因为它们可以在文件的任何函数中设置使用。

3. 因为它们可以在函数内部进行改变。

4. 选项 2 和选项 3 都对。

Q3 for 循环和 while 循环很相似,那么 for 循环与 while 循环有什么区别呢?

1. for 循环可以指定具体的循环次数。

2. for 循环仅用于文本。

3. for 循环仅用于数字。

4. for 循环只能与字典配合使用。

Q4 在游戏中什么时候可以正好使用 while 循环?

1. 游戏运行指定具体的次数。

2. 一直运行游戏。

3. 当某种条件成立时保持游戏运行。

4. 结束游戏时。

Q5 下列哪个符号用于在代码中写入注释,而不作为代码的一部分?

1. ? 。

2. * 。

3. () 。

4. # 。

【 将你的答案和本书最后"快速练习答案"中的答案比较一下。 】

小 结

在本章中，我们学习了如何使用逻辑和循环来创建游戏。这个数字猜谜游戏有一个简单级别模式和一个困难级别模式。游戏利用玩家输入的数字来决定接下来所要运行的代码。

在下一章中，我们将学习如何处理数据，包括如何存储和检索信息。这些技能将帮助我们学会很多处理数据的方法，包括询问游戏中的玩家名称以及在程序中存储游戏分数等。这些技能对于创建完整而有趣的游戏非常重要。

使用列表和字典处理数据

我们在上一章中学习了如何利用复杂的逻辑来编写循环，目的是帮助自己和帮助程序做出决策。但直到现在我们还没有学习如何处理数据，以及检索或存储数据。不过，我们都知道视频游戏需要存储数据，有时候视频游戏不但会存储玩家的名称，还会存储玩家取得的最高分数。那么计算机程序是如何记住这些信息的呢？在本章中，你将学习 Python 检索和存储数据的一些方法，例如列表和字典。

对本章中的练习和代码，你可以使用 Python shell，它是一个极好的工具。一方面，你可以用它来输入列表和字典，然后检查代码的运行结果；另一方面，只要 Python shell 提示可用，你就可以输入列表和字典。Python shell 会记住你输入的信息，你还可以尝试检索、添加和删除信息。

列 表

列表在代码编写过程中有许多用途，得益于 Python 的强大功能，我们可以在列表上执行许多不同的操作。你将在本章中了解列表的一些功能。

【 📖 如果你想了解更多关于列表的信息，那么请参阅 Python 文档，其中的内容非常详细，你可以利用互联网获得相关资料。 】

这里，你需要知道 Python 列表是可变的，即列表中的数据可以改变。利用函数可以直接在列表中添加或删除项目。而且，列表中的项目可以混合在一起。整数、浮点数和字符串可以放在同一个列表中。

列表的组成部分

列表与其他类型的数据一样，也要分配给 1 个变量。列表的项目要放在方括号 [ ] 内：

在 Python shell 中输入下面的 3 个列表，每一行就是 1 个列表：

```
fruit = ['apple', 'banana', 'kiwi', 'dragonfruit']
years = [2012,  2013,  2014,  2015]
students_in_class = [30,  22,  28,  33]
```

上面输入的每个列表中都有一种特定的数据。fruit 列表包含了字符串，years 列表包含整数，students_in_class 列表也包含整数。不过，列表的特点之一就是可以在同一个列表中混合各种数据。例如，我已经创建了一个将字符串和整数混合的列表：

```
computer_class = ['Cynthia', 78, 42, 'Raj', 98, 24, 35,
'Kadeem', 'Rachel']
```

处理列表

现在我们已经创建了列表，可以用多种方式处理列表中的内容。事实上，一旦创建了列表，计算机就会记住列表的顺序，并且这个顺序保持不变，除非有意改变。对于我们已经创建的 fruit、years、students_in_class 和 computer_class 列表，如果想检查列表的顺序是否保持不变，最简单的方法就是对这些列表进行测试。

Python 列表的第一个项目永远被认为是第 0（零）个。因此，如果我们查询项目 0，实际上返回给我们的是在列表中输入的第一个项目。这里利用 fruit 列表，我们在 print 语句中输入列表的名称，然后添加方括号 []，并在方括号中输入数字 0：

```
print(fruit[0])
```

因为 apple（苹果）是我们之前创建列表时输入的第一种水果，所以这里得到的输出结果应该是 apple（苹果）。

```
Type "help", "copyright", "credits" or "license" for more information.
>>>
>>>
>>> fruit = ['apple', 'banana', 'kiwi', 'dragonfruit']
>>> years = [2012, 2013, 2014, 2015]
>>> students_in_class = [30, 22, 28, 33]
>>>
>>> print(fruit[0])
apple
>>>
```

从以上代码可以得知，在 Python 中计数是从 0 开始的，并且我们的列表书写准确。接下来，我们可以尝试显示 fruit 列表中的第 4 个项目。你会注意到我们在 print 命令中输入了数字 3。在 Python shell 中输入以下代码：

```
print(fruit[3])
```

你得到的显示结果是什么呢？ dragonfruit（火龙果）是你想要的答案吗？如果是，那么恭喜你学会了列表中的项目计数。通过练习，你将更好地理解 Python 列表的项目计数规则。

```
Type "help", "copyright", "credits" or "license" for more information.
>>>
>>>
>>> fruit = ['apple', 'banana', 'kiwi', 'dragonfruit']
>>> years = [2012, 2013, 2014, 2015]
>>> students_in_class = [30, 22, 28, 33]
>>>
>>> print(fruit[0])
apple
>>>
>>>
>>> print(fruit[3])
dragonfruit
>>>
>>>
```

利用我们之前创建的其他列表，还可以进行一些其他练习。使用下面的代码，尝试从这些列表中显示不同的项目：

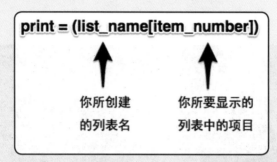

在代码 list_name 的位置，你可以输入想要使用的列表名称。在代码 item_number 的位置，你可以输入想要显示的项目编号。注意，列表是从 0 开始计数的。

更改列表——添加和删除信息

虽然列表中的项目可以保持原来的顺序，但也可以被改变。项目可以被添加到列表中，也可以从列表中被删除。此外，还有很多方法可以改变列表。我们在这里只讨论其中几个方法，如果你想了解更多详情，可以参考 Python 文档。

在列表中添加项目

例如，我们要在 fruit 列表中添加一个项目，就可以使用一个名为 list.append() 的方法。使用该方法，需要先输入列表名称、一个圆点 "."，以及方法的名称 append，然后将你想要添加的项目输入在小括号里。如果项目是字符串，记得要使用单引号。输入下面的代码，将 orange（橙子）添加到我们已经创建的 fruit 列表中。

```
fruit.append('orange')
```

显示 fruit 列表，检查是否已经将 orange（橙子）添加到列表中。

```
print(fruit)
```

```
Type "help", "copyright", "credits" or "license" for more information.
>>>
>>>
>>> fruit = ['apple', 'banana', 'kiwi', 'dragonfruit']
>>> years = [2012, 2013, 2014, 2015]
>>> students_in_class = [30, 22, 28, 33]
>>>
>>> print(fruit[0])
apple
>>>
>>>
>>> print(fruit[3])
dragonfruit
>>>
>>>
>>> fruit.append('orange')
>>> print(fruit)
['apple', 'banana', 'kiwi', 'dragonfruit', 'orange']
>>>
>>>
```

从列表中移除项目

现在，假设我们不想让列表中再出现 dragonfruit（火龙果）。这时，我们将使用一个名为 list.remove() 的方法。使用此方法，我们先要输入列表名称，接着是一个圆点"."，然后是方法的名称 remove，还有我们希望移除的项目名称。

```
fruit.remove('dragonfruit')
```

显示列表的项目，确认 dragonfruit（火龙果）是否已被移除。

```
print(fruit)
```

```
Type "help", "copyright", "credits" or "license" for more information.
>>>
>>>
>>> fruit = ['apple', 'banana', 'kiwi', 'dragonfruit']
>>> years = [2012, 2013, 2014, 2015]
>>> students_in_class = [30, 22, 28, 33]
>>>
```

```
>>> print(fruit[0])
apple
>>>
>>>
>>> print(fruit[3])
dragonfruit
>>>
>>>
>>> fruit.append('orange')
>>> print(fruit)
['apple', 'banana', 'kiwi', 'dragonfruit', 'orange']
>>>
>>> fruit.remove('dragonfruit')
>>> print(fruit)
['apple', 'banana', 'kiwi', 'orange']
>>>
>>>
```

如果列表中有名称相同的项目，那么 list.remove() 只会移除其中的第一个项目，而具有相同名称的其他项目需要使用同样的方法分别移除。

列表和for循环

列表和 for 循环一起运用效果非常好。利用列表我们可以进行一种被称为迭代的操作。"迭代"这个词本身的含义是重复一个过程。我们知道 for 循环能够实现有限的重复。因此，我们可以使用 for 循环来遍历项目列表。

下面这个示例中，在 Python shell 中创建一个列表，在这个列表中有 3 种颜色。

```
colors = ['green', 'yellow', 'red']
```

我们想利用这个列表，将列表中的每种颜色显示，并且要添加在 "I see" 这句话的后面。通过 for 循环和颜色列表的配合使用，我们只输入 1 次 print 语句，就可以输出 3 个句子。在 Python shell 中输入以下 for 循环代码：

```
for color in colors:
    print('I see ' + str(color) + '.')
```

在上面示例的第二行代码中，我们使用加法运算符（＋）将字符串连接起来。第一个字符串"I see"是每个句子的开始，第二个字符串"color"来自我们编写 for 循环时所定义的变量，第三个字符串（.）则是句号。在输入 print 这行代码之后，按两次 Enter（回车）键，for 循环就会开始运行，接着你会在 Python shell 中看到输出的如下语句：

```
I see green.
I see yellow.
I see red.
```

我们注意到，上面的这些语句所显示的颜色顺序与在列表中的顺序是一致的。

```
Type "help", "copyright", "credits" or "license" for more information.
>>>
>>>
>>>
>>> colors = ['green', 'yellow', 'red']
>>>
>>> for color in colors:
...     print('I see ' + str(color) + '.')
...
I see green.
I see yellow.
I see red.
>>>
>>>
```

我们可以想象一下，当列表和 for 循环配合一起使用时，功能有多么强大。只需要输入两行代码，而不必输入 3 个不同的代码片段，就能得到同样的结果。

即使列表中有 20 种颜色，甚至 200 种颜色，我们的 for 循环也只用两行代码就够了。在下一章的内容和迷你游戏中，我们还将使用到列表，进一步探究列表的强大功能。

字　典

　　字典是组织数据的一种方式。乍一看字典，可能会觉得和列表很相似。然而，字典与列表相比，有着不同的任务、规则和语法。

　　字典的组成部分与列表相似，字典也需要利用不同的组成部分来完成工作：有自己的名称并使用大括号 { } 来存储信息。例如，我们想创建一个名为 numbers 的字典，会将字典条目放在大括号内。这里有一个简单的字典示例，你可以在 Python shell 中输入如下代码：

```
numbers = {'one': 1, 'two': 2, 'three': 3}
```

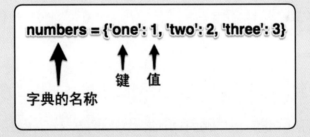

字典的键值对

　　正如在上图中看到的那样，字典中存储着被称为键（keys）和值（values）的信息，二者组成一对。例如，有一个包含项目的字典，我们可能利用键来标记每个项目的名称，同时利用值来记录在目录中每个项目有多少个。将这些项目存储在字典中之后，还可以添加或移除项目（键），增加数量（值）或更改现有项目的数值。如果你使用过电子邮件或智能手机中的联系人列表，那么你可能会明白键（联系人的姓名）与值（该联系人的电子邮件 ID 或电话号码）是如何匹配的。键和值并不总是以字符串和整数的形式存在。对于下一个示例，我们将使用字典来存储所有项目，即游戏中的英雄生存所需的物品。

接下来的字典示例用来容纳游戏中的某些信息。假设游戏中的英雄需要携带一些生存所需的物品，下面就是英雄生存所需物品的字典，将这个物品字典输入到 Python shell 中：

```
items = {'arrows': 200, 'rocks': 25, 'food': 15, 'lives':2}
```

现在这个字典能够提供给我们有关英雄所拥有物品的信息。与列表不同的是，字典不会按照项目输入的顺序保存项目。你可以将这个字典的内容多显示几次，观察一下结果就会发现这一点。我们可以输入 print 来显示字典，然后将字典的名称放在 print 语句中，代码如下：

```
print(items)
```

你会注意到，这个代码显示的项目顺序与最初输入的项目顺序并不一样。不过也有可能显示的顺序与输入的顺序一样，但二者顺序不一样的可能性更大。我们可以看一下示例：

```
>>> items = {'arrows':200, 'rocks':25, 'food':15, 'lives':2}
>>> print(items)
{'food': 15, 'lives': 2, 'arrows': 200, 'rocks': 25}
```

总之，我们这个字典的键包括 arrows（弓箭）、rocks（石头）、food（食物）和 lives（生命）。每个键对应的数字被存储为值，表示英雄所拥有的物品的数量。我们可以使用 print 语句找到键所对应的值，方法是 print 语句包含字典名称 items 和键名 arrows。注意，键名 arrows 要放在方括号 [ ] 中，这里语法是很重要的。在 Python shell 中输入以下代码可以返回 arrows 的值：

```
print(items['arrows'])
```

这个 print 语句的输出结果应该是 200，因为这是英雄的生存物品中弓箭的数量，示例如下：

```
Type "help", "copyright", "credits" or "license" for more information.
>>>
>>>
>>>
>>> items = {'arrows': 200, 'rocks': 25, 'food': 15, 'lives':2}
>>>
>>> print(items['arrows'])
200
>>>
>>>
```

更改字典——添加和移除信息

Python 具有多种与字典数据交互的功能，我们可以使用其中很多功能。现在我们只专注其中几个可以在字典中添加和移除项目的功能。

在字典中添加项目

在游戏中，允许玩家在游戏时发现和收集 fireball（火球）。为了在字典中添加这样一个项目，我们将使用名称为下标（subscript）的方法，为字典添加一个新的键值对。

我们将使用字典的名称来创建一个下标。然后，在方括号 [ ] 中写入想要添加的项目（键）的名称。由于该项目是一个字符串，需要将其放在单引号内。最后，我们还要设置值，也就是想要加入字典的项目（键）的数量。可以在 Python shell 中复制以下代码，将 fireball 添加到字典中：

```
items['fireball'] = 10
```

如果显示整个字典的项目，你就会看到已经添加的 fireball。在 Python shell 中输入以下代码：

```
print(items)
```

现在的输出结果中应该包括了 fireball 项目。但是请注意，你所看到的代码中的项目顺序可能与如下所示的项目顺序并不相同，因为字典不会记住项目顺序。

```
Type "help", "copyright", "credits" or "license" for more information.
>>>
>>>
>>>
>>> items = {'arrows': 200, 'rocks': 25, 'food': 15, 'lives':2}
>>>
>>> print(items['arrows'])
200
>>>
>>> items['fireball'] = 10
>>>
>>> print(items)
{'rocks': 25, 'lives': 2, 'fireball': 10, 'arrows': 200, 'food': 15}
>>>
```

更改现有项目的值

我们还可以改变字典中键所对应的值。例如，英雄会用石头来建造石墙，因此石头的数量也会减少。那么我们如何在游戏中追踪物品清单中增加或者减少的每一块石头呢？

我们可以用 dict.update() 方法来更改字典中的键所对应的值。在这个字典中，因为英雄会收集或者使用石头，所以我们将改变石头的值。我们使用 dict.update() 方法，需要利用字典的名称替代 dict，这里就是 items。然后，我们在 () 中使用 {} 来输入项目名称和希望更改的值。

我们使用了一个冒号（:），然后输入想在字典中看到的新的值，在 Python shell 中尝试输入以下代码：

```
items.update({'rocks':10})
print(items)
```

```
Type "help", "copyright", "credits" or "license" for more information.
>>>
>>> items = {'arrows': 200, 'rocks': 25, 'food': 15, 'lives':2}
>>>
>>> items.update({'rocks':10})
>>>
>>> print(items)
{'food': 15, 'lives': 2, 'arrows': 200, 'rocks': 10}
>>>
>>>
```

你会注意到，如果执行了 print(items) 函数，那么你现在拥有的石头数量是 10 个，而不是 25 个。现在我们已经成功地更改了项目的值。

从字典中移除项目

要从字典中移除某个项目，你必须引用该项目的键或者名称，然后移除该项目。通过这个操作，该项目所对应的值也将被移除，因为键和值是成对的。

在 Python 中，del 语句可以用来移除字典中的键值对。这意味着利用 del 语句，连同字典名称和项目（键）名称一起可以实现你所希望的移除项目功能。

以前面的物品字典为例。我们将用到 del 语句、items 字典的名称，还要将 lives 键的名称放置在方括号 [ ] 内。之后，我们可以使用 print 语句来测试并检查 lives 键以及 lives 所对应的值 2 是否被一起移除，示例如下：

```
del items['lives']
print(items)
```

如果 del 语句起作用，那么 lives 键以及对应的值 2 都已经不在字典中了。这就类似从纸质字典中取走一个单词，如果你移除了这个单词，那么也需要移除这个单词的注解。现在的项目字典应该如下所示：

```
>>>
>>> del items['lives']
>>>
>>> print(items)
{'food': 15, 'arrows': 200, 'rocks': 10}
>>>
>>>
```

字典的信息存储和检索方式与列表有差异，但是我们仍然可以执行相同的添加和移除信息的操作，以及对信息进行更改的操作。

是列表还是字典

你已经学习了两个重要的 Python 工具，即列表和字典。现在，我们需要知道在何时使用这些工具。虽然这两个工具都可以存储信息，但它们的工作方式并不相同。先让我们比较一下这两种数据结构，以便更好地理解如何使用它们。

当我们想要追踪记录项目，并且需要记住这些项目的顺序时，列表是一个很好的方法。我们在日常生活中也使用了很多符合这种标准的列表。下面是一些列表的示例：

- 包含不同食物的购物清单列表。
- MP3 播放器中的歌曲名称列表。
- 图书馆中使用的小说书名列表。
- 可在网站上购买的商品列表。

以上这些列表都有一个明显的特征，就是列表中的项目都有顺序，而且可以在列表中添加或移除项目。如果我们想在 Python 中编写一个简短的程序来追踪记录小说的书名，或者寻找 MP3 播放器列表中的歌曲名称，那么选择使用列表可能是一个好方法。

列表与循环一起使用能够实现许多强大的功能。其中一些功能包括使用循环来创建列表本身，或者从用户的大量输入来创建列表。不过，列表的搜索速度会比较慢，因为总是机械地从头开始搜索。

趣味 Python 编程入门

如果数据不需要顺序，但是需要和其他内容配对使用，那么字典就非常有用了。例如，你可能有很多书籍，可分为小说类和非小说类，你想编写一个程序来存储这些书籍的标题、作者和分类。这时使用字典能胜任这个任务，因为你可以根据书籍的标题找到这本书的作者，或者找出所有非小说类书籍。你还可以与字典进行互动，实现信息的更改。此外，字典搜索速度非常快，因为它不需要从头开始搜索。

【在编程中使用到字典的经典示例是主题词表，这是一种列表的字典。】

112

Q1 创建字典时所使用的正确语法是什么?

1. ()。

2. { }。

3. " "。

4. [ ]。

Q2 在一个列表中可以包含哪些数据类型?

1. 只有字符串。

2. 只有浮点数。

3. 整数和浮点数。

4. 所有数据类型。

Q3 创建列表时所使用的正确语法是什么?

1. ()。

2. { }。

3. " "。

4. [ ]。

【 将你的答案和本书最后"快速练习答案"中的答案比较一下。】

小 结

在本章中，你学习了如何创建自己的列表和字典。你还尝试使用列表和字典执行一些基本操作，包括如何添加和移除数据。最后，你了解了列表和字典之间的语法差异，以及如何最佳利用列表和字典。

在下一章中，我们将继续前进，创建一个名为"What's in your backpack?"（你的背包里有什么？）的游戏。这是一个简单的双人游戏，游戏要求两个玩家将一些物品放入背包中，然后让一个玩家猜测另一个玩家背包里的物品。

我们编写代码将各种项目添加到列表中，并且在列表和字典中追踪记录用户名、物品项目和游戏分数，然后使用 for 循环来追踪游戏。在下一个游戏中，有很多移动的部分，有两个玩家，将使游戏更有趣！你准备好了吗？我们开始吧！

你的背包里有什么

在第 6 章中，我们一起探索了如何利用 Python 中的列表和字典来存储、检索和更改数据。在本章中，我们会创建一个名为 "What's in your backpack?"（你的背包里有什么？）的双人游戏。我们要利用技能来创建循环，利用 raw_input() 函数从用户获取信息，并且将这些信息存储在列表和字典中。

作为前期准备工作，我们还要学习一些看似复杂的技能。我们会尝试了解 "嵌套"（nesting），可以理解为把一个东西放进另一个东西里。通过使用嵌套列表和嵌套字典，我们可以拥有更加灵活的数据存储方式。利用这个新的嵌套技能，结合已经学习的其他技能，我们可以创建一个有两个玩家或者多个玩家的游戏。

设置我们的编程环境

本章将会用到我们已经编写的最大数量的代码。我们将要进行许多编程工作，最重要的事情是准备好需要的工具，这样我们才能频繁地测试和保存代码。

【 💡 随时测试和保存代码允许你尝试新东西，纠正错误！ 】

对于这个游戏，建议你打开 Python shell，这样可以在将代码输入文本编辑器之前，帮助你测试这一小段代码。同时，你也需要打开你的文本编辑器（在 mac OS 或 Ubuntu 操作系统中使用 jEdit，在 Windows 操作系统中使用 Notepad++），并且创建一个名为 backpack.py 的新文件。最后，你需要打开命令提示符，这样你可以在编写游戏的同时，运行 backpack.py 程序来帮助进行测试。这些不同的工具都要用来创建计算机程序，希望你能轻松运用这些工具。如果你忘记如何打开 Python shell 或者命令提示符，请参考第 1 章的相关内容。

如果你想了解更多关于在计算机上使用 Python shell、命令提示符或者文本编辑器的知识，可以在互联网上搜索和学习更多相关内容。

7

编程游戏计划

在开始编程之前，需要思考一下，我们想要创建什么，提前制订计划。这会帮助我们确定使用哪些编程技能，从而使游戏程序正常运转。

接下来，我们先假设这个游戏的每个玩家都有一个自己的虚拟背包：

- 每个玩家输入自己的名字，然后在背包里放入 4 件物品。

- 每个玩家都会得到一次机会，猜测其他玩家背包里有什么。

- 如果玩家猜对，则游戏显示一条消息，并且该玩家的游戏分数增加 1 分。

- 如果玩家猜错，则游戏显示不同的消息，并且该玩家的游戏分数不增加。

- 显示一条消息，询问玩家是否想再玩一次游戏。

- 如果玩家输入"yes"，则上述整个运行过程再一次运行。如果玩家输入"no"，则显示每个玩家的游戏分数，并且整个游戏结束。

这样一来，我们有很多事情要做。上面提到的每一项任务都需要我们通过代码技能来解决。在阅读代码示例之前，你可以先画一些草稿，或者根据程序成功运行的条件编写一个大纲。在阅读本章的过程中，可以结合你的这些想法来编写这个背包游戏。你可以尝试一些自己的想法，检验一下你的想法是否有效。如果你的想法有效，那就太棒了！你会发现编程并没有一成不变的方法。可能有些方法要优于其他方法，但勇于尝试是绝对没错的。

创建游戏程序所需的技巧

现在，我们回顾一下成功创建游戏所需要的技巧。我们需要花时间来想一想，为了创建这个程序，为了让程序的每个部分放在一起能够正常运转，应该如何解决一些问题。

每个玩家都需要输入他的名字，然后在他的背包里放置 4 件物品。为了让玩家把名字输入到计算机里，我们需要设置一个变量来保存每个玩家的名字。我们还将使用 raw_input() 来获取物品名称，并将它们保存在计算机中。

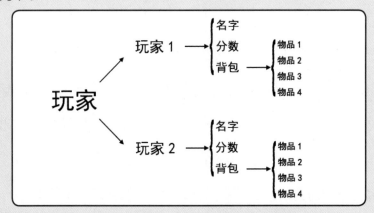

每个玩家都会得到机会猜测其他玩家背包里有什么。

还记得我们之前的数字猜谜游戏吗？这个功能与数字猜谜游戏类似，我们会把第一个玩家猜测的结果与第二个玩家背包中的物品进行比较。我们需要使用 raw_input() 来提示玩家猜测物品，然后用 if、elif、else 逻辑来比较玩家猜测的结果，并为玩家显示结果。这里使用 print 将结果显示在屏幕上。

如果玩家猜测正确，那么游戏就会显示一条消息，并且在分数上增加 1 分。如果玩家猜测错误，那么会显示一条不同的消息，并且不得分。

记分，重玩，还是退出

当玩家获胜或者用完所有猜测机会时，我们将使用 if、elif、else 逻辑显示一条消息，询问玩家是否愿意再玩一次游戏。

如果玩家输入 "yes"，那么游戏将再次运行。如果玩家输入 "no"，那么每个玩家的分数将显示在屏幕上，并且游戏结束。

获取和存储玩家信息

第一个任务就是获取并存储游戏玩家的信息。我们需要采取几个步骤来完成，包括询问玩家的名字，然后存储玩家的名字，还将在后台执行一些代码，来存储一些我们还没有问到的有关玩家的信息。如果你愿意，它能够进一步扩展你的游戏功能。我们从第一步开始吧！

创建玩家列表

我们要做的第一件事是创建一个空列表来存储有关每个玩家的信息。将这个列表命名为 players，但是我们不会把所有的信息都放入这个列表。为什么呢？因为每一场游戏的玩家可能是不同的，他们的信息也不同，所以需要在游戏玩家进入计算机时，允许游戏存储这些玩家的信息。列表 players 的样子如下所示：

```
players = []
```

现在我们已经创建了这个列表，可以将玩家信息添加到这个列表中。回忆一下前面的内容，我们还将创建一个玩家资料文件来存储有关玩家的信息。实际上，玩家信息存储在一些字典中，而这些字典又在列表里。

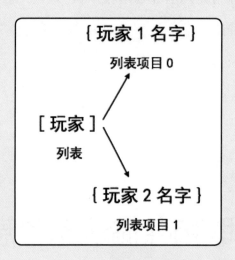

注意，这是一个新技能！将一个项目放入另一个项目内部，这就称为嵌套。接下来，我们将学习如何在列表内部嵌套字典。

玩家资料文件

在接下来的步骤中，我们将为每个玩家创建一个字典。这个字典将会为玩家名字、玩家背包内物品项目和玩家分数设定占位符。

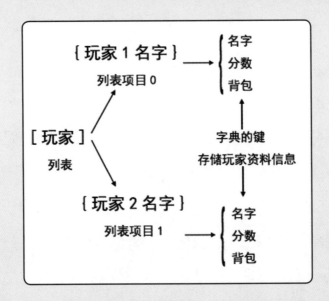

可以想象一下，字典里所有的信息是一个 player（玩家）的资料文件。而我们从玩家与游戏互动中获得信息，并将这些信息填入这个 player（玩家）的个人资料中。下面是我们为玩家创建的最终代码：

```
1  # getting information about the players
2  # storing the information about the players
3
4
5  players = []
6
7  for i in range(2):
8      players.append({
9          "name": "",
10         "score": 0,
11         "backpack": []
12     })
13
```

在你编写代码之前，先让我们阅读并且分解这段代码。这段代码的前两行是注释，作用是提醒我们正在做什么事情。第 5 行是我们创建的一个空的列表。第 7 行是计算机所要关心的第一行代码，这行代码可以让我们执行以下操作：

• 使用 range() 函数设置玩家的人数：在 Python 中计数是从 0 开始，并且 range() 函数不包含最后一个数字，我们正在为 player 1（玩家 1）和 player 2（玩家 2）创建玩家资料文件（详细内容请参阅第 6 章，其中讲解了列表的显示和计数问题，你会回忆起列表的项目是如何计数的）。

• 利用 for 循环为每个玩家创建个人资料文件：对于 player 1（玩家 1）和 player 2（玩家 2），我们将设置包含玩家信息的个人资料。

• players.append() 函数：在每个玩家资料文件中添加信息类型。在本示例中，name（名字）是 string（字符串）类型，score（分数）是 int（整数）类型，backpack（背包）是一个 empty（空）列表。

backpack（背包）的字典键很特殊，因为它本身就是一个列表，存储玩家资料文件里的所有背包物品项目。它允许玩家在同一个地方存储许多物品项目，如下所示：

```
1  # getting information about the players
2  # storing the information about the players
3
4
5  players = []
6
7  for i in range(2):      # <-- run loop for the correct number of players.
8      players.append({    # <-- add dictionary of name, score, backpack to 'players'
9          "name": "",     # <-- is empty to accept name of each player
10         "score": 0,     # <-- starts at 0
11         "backpack": []  # <-- lists the items in each player's backpack
12     })
```

玩家资料文件——如何运作

现在，我们思考一下每个玩家个人资料中的所有信息。我们有一个名为 players 的列表。在这个 players 列表内部，我们为每个玩家创建了一个字典，在这个字典里存储了玩家的信息。在每个玩家的字典里面，我们还为物品的项目列表留出了空间。而这个物品项目列表被称为 backpack（背包），其任务是记住玩家资料文件中的所有物品。我们可以把玩家资料文件想象成一棵树，这棵树的树干和树枝中又生长出更多的树叶。

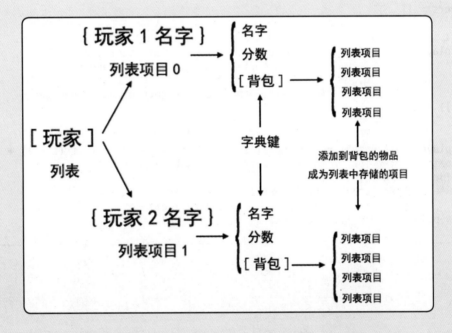

我们将以上所做的内容称为嵌套（nesting）。嵌套就是把一件东西放在其他东西里面。在这里，我们在一个数据类型（players 列表）内部嵌套了另一个数据类型（字典）。

【 💬 记得保存你的代码！ 】

在资料文件中添加玩家

这样一来，我们就创建了一个数据结构，存储每个玩家的信息。现在，我们需要编写代码来提示玩家将他们的信息输入到我们的程序中。这里将使用 raw_input() 函数从玩家那里获取信息，并将这些信息存储在玩家资料文件中。我们将会在 for 循环内不断对玩家提出信息请求。

首先，看一下如下所示的第 15 ~ 20 行的代码：

```
1  # getting information about the players
2  # storing the information about the players
3
4
5  players = []
6
7  for i in range(2):        # <-- run loop for the correct number of players.
8      players.append({      # <-- add dictionary of name, score, backpack to 'players'
9          "name": "",       # <-- is empty to accept name of each player
10         "score": 0,       # <-- starts at 0
11         "backpack": []    # <-- lists the items in each player's backpack
12     })
13
14
15     players[i]["name"] = raw_input("Enter name for player " + str(i + 1) + ": ")
16     print("Enter four (4) items to put into your backpack.")
17     for j in range(4):
18         backpack_item = raw_input("Item name: ")
19         players[i]["backpack"].append(backpack_item)
20     # print(players[i]["backpack"])
21
```

在这段代码的第 15 行，你会注意到 raw_input() 函数，它要求玩家输入自己的名字。你是否注意到这里使用了字典 name 键？你是否注意到在 name 键之前，还使用了 players[i]？这里的含义就是针对 "Enter name for player"（输入玩家名字）提示输入回答，结果将存储在字典里的 name 键下。这时，玩家的资料文件将被创建，并且等待获取有关背包中的物品项目和游戏分数的信息。

玩家号码由字母 i 来设置。小写的 i 代表一个玩家。所以，第 15 行代码会询问我们的玩家 i 的名字。那么它是如何知道选择哪个数字的呢?

## 7

而 i 又是从哪里得到这些信息的呢？如果你返回到 for 循环，就会注意到 for i in range(2) 这行代码。这里的含义就是对于两个玩家中的每个玩家，都要完成在循环内的所有事情。当第 15 行代码运行第一次 for 循环时，它要求 player 1 输入信息；当运行第二次 for 循环时，它要求 player 2 输入信息。设置为 range(2) 的 for 循环只会运行两次，因此在获取和存储 player 2 的信息后，for 循环就停止。

在虚拟背包中添加物品项目

我们已经添加了玩家的名字，现在要把 4 个物品项目添加到玩家的虚拟背包中。这个虚拟背包实际上是字典里的一个列表。我们会将每个玩家的物品项目列表存储在他们的虚拟背包中，而这个背包则在每个玩家的资料文件中。游戏会要求玩家多次回答相同的问题，这就带来了新的编程挑战：我们要如何限制程序只要求输入 4 个物品项目呢？还有，我们如何将每个物品项目准确地添加到相应的玩家背包中呢？

限制虚拟背包中的物品项目

为了确保每个虚拟背包中，只能添加 4 个物品项目，我们要使用另一个 for 循环（在第一个 for 循环的内部）。这个循环就是 for i in range(4)，其含义就是对于 4 个物品项目中的每个物品，都要执行循环内的所有操作。这意味着在这个循环中，我们会使用 raw_input() 函数将物品项目 0 ~ 3 输入到背包中。

在 players[i] 的 backpack 字典中，我们使用 append(backpack_item) 将物品添加到背包内部的列表中。因为只需要 4 个物品项目，所以 for 循环在询问玩家的名字和物品项目后会运行 4 次。而当这个 backpack_item 代码停止运行时，整个循环将再次运行，询问第二个玩家的名字和物品项目。在这个过程中，我们将获得玩家的资料文件，并且将这些信息填写和存储在 player 1 和 player 2 的字典里，如下所示：

```
11          "backpack": []  # <-- lists the items in each player's backpack
12     })
13
14
15     players[i]["name"] = raw_input("Enter name for player " + str(i + 1) + ": ")
16     print("Enter four (4) items to put into your backpack.")
17     for j in range(4):
18         backpack_item = raw_input("Item name: ")
19         players[i]["backpack"].append(backpack_item)
20     # print(players[i]["backpack"])
```

现在回头检查一下，当你运行以上代码时，应该看到如下结果：

❶ 创建 player 1 名字和资料文件，即 "Enter name for player 1"。

❷ 要求 player 1 将物品项目放入背包里，即 "Enter four (4) items to put into your backpack"。

❸ 玩家输入 4 个物品项目。

❹ 创建 player 2 的名字和配置资料文件，即 "Enter name for player 2"。

❺ 要求 player 2 将物品项目放入背包中，即 "Enter four (4) items to put into your backpack"。

测试目前的代码

你现在已经编写了游戏的所有数据存储元素。请再次保存代码，接下来我们要测试所编写的代码。

首先，检查 backpack.py 代码文件以确保你的代码缩进正确，再查找语法错误，例如，引号、句号、方括号、大括号等的位置是否准确，还要确保一切拼写正确。记得在每次修正错误之后都保存代码文件。

接下来，我们使用命令提示符或者终端，通过运行程序来测试你的代码。当运行你的程序时，这个程序应该要求你输入玩家 1 的名字，然后输入 4 个物品项目，接着要求输入玩家 2 的名字，还要输入另外 4 个物品项目：

```
Enter name for player 1: Jessica
Enter four (4) items to put into your backpack.
Item name: apple
Item name: pear
Item name: banana
Item name: grape
Enter name for player 2: Jose
Enter four (4) items to put into your backpack.
Item name: cup
Item name: plate
Item name: fork
Item name: knife
Jessicas-MacBook-Air-2:Desktop jessicanickel$
```

如果要确保输入的背包物品被正确存储，那么你可以使用代码中的第 20 行来进行测试。只需取消第 20 行的注释（删除前面的注释标签），再次运行代码即可。第 20 行的 print 语句可以检查计算机正在存储的内容。有时，计算机读取的内容与我们想象的不同，因此最好使用 print 语句再次检查运行情况：

```
Jessicas-MacBook-Air:Desktop jessicanickel$ python backpack.py
Enter name for player 1: Jess
Enter four (4) items to put into your backpack.
Item name: bread
Item name: pan
Item name: roti
Item name: pane
['bread', 'pan', 'roti', 'pane']
Enter name for player 2: David
Enter four (4) items to put into your backpack.
Item name: chicken
Item name: goat
Item name: pig
Item name: lamb
['chicken', 'goat', 'pig', 'lamb']
```

如果代码有错误，那么你将收到一条错误消息。通常，错误消息会告诉你代码在哪里出了问题。利用这些消息来搞清楚具体出了什么问题。当你修正错误时，可以做一个记录，甚至在代码中进行注释，这样可以帮助你想解决办法。

游戏循环

我们已经制订计划，并编写了如何从玩家获取信息的代码。现在，我们需要编写一个游戏循环。什么是游戏循环？游戏循环就是通过用户启动并操作游戏来保持游戏运行，在必要的情况下，更新游戏状态，持续操作游戏直到游戏结束，停止循环。

游戏循环可以让我们开始游戏，利用存储的玩家信息来改变游戏状态，并且显示信息，让我们知道猜测的结果是否正确，或者看到游戏结束时的分数。如果因条件改变而停止游戏，我们的游戏循环也会关闭。我们已经在前面的数字猜谜游戏中使用过 while 循环，本章的这个游戏的循环也是类似的。

再次使用while循环

你可能还记得我们在第 4 章和第 5 章中使用过 while 循环。这里我们将再次使用 while 循环来设置游戏循环。游戏循环（即 while 循环）中有了很多变化，所以我们一步步来具体看。如下所示，这是游戏循环内部的所有代码：

```
22
23 game_on = True
24 while game_on:
25     for i in range(2):
26         player_choice = raw_input(players[i]["name"] + ", guess an item from the other backpack: ")
27         other_player = players[(i+1) % 2]
28         if player_choice in other_player["backpack"]:
29             print("You guessed an item from the backpack!")
30             players[i]["score"] += 1
31         else:
32             print("You did not guess an item from the backpack.")
33
34         play_again = raw_input("Do you want to play again? Type YES or NO: ")
35         if (play_again == "NO"):
36             game_on = False
37
```

游戏循环以 game_on 变量开始，game_on 变量被设置为 True（记住 True 是一个布尔值）。下一行代码是 while game_on:，其含义是因为

game_on 为 True，所以继续运行 while 循环，直到发生某个事件使其变为 False（不为真）。因为 game_on 为 True，所以游戏会使用我们在游戏开始时收集的信息持续运行。只有当 game_on = False 时，游戏才会结束。

在游戏循环内部是另一个 for 循环。当一个循环在另一个循环内部时，我们也称之为嵌套。你可能会注意到这个 for 循环与第 7 行中的 for 循环几乎相同。这个代码运行 for i in range(2)，其含义是，两个玩家都要完成循环中的所有事情。

在这个 for 循环中，即从第 26 行到第 36 行，是游戏运行的主体部分。这个 for 循环中包括以下内容：

- 要求第一个玩家猜测第二个玩家背包里的一个物品。

- 游戏会显示第一个玩家猜测是否正确。

- 如果正确，则为第一个玩家的分数加 1 分。

- 转换到第二个玩家。

- 要求第二个玩家猜测第一个玩家背包里的一个物品。

- 游戏会显示第二个玩家猜测是否正确。

- 如果正确，则为第二个玩家的分数加 1 分。

- 询问玩家是否想再玩一次。

- 如果玩家输入"YES"，则再次开始游戏。这时，重新启动游戏循环并重做以上所有操作。

接下来，我们将分解代码，看看发生了什么事情。

比较猜测结果与背包物品

在前面的章节中我们学过一个被称为取模的运算。现在就要用到取模运算。在背包游戏中，我们将一个玩家背包中的物品与另一个玩家猜测的结果进行比较。然后双方互换，比较第二个玩家的猜测结果与第一个玩家背包中的物品。那么计算机将如何追踪哪个玩家的背包，又如何追踪应该选择哪个玩家呢？可以使用取模来帮助我们在这个双人游戏中选择正确的玩家。

如下所示是使用了取模运算的第 27 行代码：

```
other_player = players[(i+1) % 2]
```

我们在第 5 行中创建了 players 列表，而这行代码使用取模运算，通过在 players 列表中寻找玩家来识别不同的玩家。这里有一个基本概念。

- 假设 Erin(player 1) = 0，Tanvir(player 2) = 1。

- 无论谁玩游戏，都需要把玩家猜测的结果与另一个玩家背包中的物品进行比较。

- 为了知道另一个玩家背包中的物品，我们会告诉计算机，现在需要知道玩家背包中的物品，而这个玩家不是正在猜测物品的玩家。这里利用数学运算实现这个目的。

- Erin 需要对 Tanvir 的背包中的物品进行猜测。记住 Tanvir=1。

- (0 + 1) % 2 = 1 。

- 这个公式表示（Erin+1）对 2 取模等于 Tanvir 的背包。

- 正如所看到的，这个公式等于 1，所以它要求的是 Tanvir 的背包。

- Erin 想要猜测 Tanvir 背包中有什么，所以这个结果是正确的。

- Tanvir 需要猜测 Erin 的背包中有什么，这里请记住 Erin=0。

- (1 + 1) % 2 = 0。

- 这个公式表示（Tanvir+1）对 2 取模等于 Erin 的背包。

- 正如所看到的，这个公式等于 0，所以它要求的是 Erin 的背包。

- Tanvir 想要猜测 Erin 背包中有什么，所以这个结果是正确的。

使用这个公式，我们可以从 players 列表中选择玩家资料文件。你要知道，我们正在使用的 players 列表是在程序的第 5 行定义的，使用方括号 [ ] 就表示我们想要使用这个列表。我们在方括号内放入一个数学公式，就相当于是列表中的一个项目。

记录分数

为了在游戏中记录分数，我们需要使用以下代码：

```
players[i]["score"] += 1
```

你会注意到一个新的运算符号"+="。这个符号表示一个快捷运算方式，它可以让我们先取一个数值（score），再为这个数值添加一个数量（在这里我们添加 1），然后 score 的数值就等于这个新值。

这行代码的含义是，如果第一个玩家猜中了第二个玩家背包中的一个物品，那么第一个玩家的新分数就是"score += 1"。你是否记得，在游戏开始的时候，我们将每个玩家字典里的分数都设为 0 分？现在，我们正要将分数更新为"score +=1"。第一个玩家每次得分，他的 score 都会增加 1，而且计算机将会记住这个新分数。

结束游戏

如果不想继续玩游戏，我们就可以回答游戏提示的问题"Do you want to play again？ Type YES or NO:"（你还想继续游戏吗？输入 YES 或者 NO：），输入"NO"就可以了。如果我们输入了"NO"，你会注意到在代码中出现了 game_on=False，停止 while 循环。一旦循环停止，就会执行最后一行代码，如下所示：

```
37
38  for player in players:
39      print(player["name"] + " score: " + str(player["score"]))
40
```

这一行代码只在游戏循环完成后执行，显示每个玩家的分数。这行代码位于 for 循环和游戏循环的外部。如果你只运行一次游戏，最高的分数只可能是 1。但是，如果你运行这个游戏 5 次或者 10 次，那么你的最高分数可能是 5 或者 10，这取决于每个玩家猜对多少物品。

测试游戏

现在终于到了关键时刻！首先，你需要检查每一行代码，看看代码中是否有缩进错误和语法错误。当你完成了代码的检查工作，就立刻保存当前的工作文件。当一切准备就绪，就可以运行你的代码了。你自己要反复玩这个游戏，看一看代码的运行是否正常。你可以在 Windows 操作系统中使用命令提示符，或者在 mac OS 或 Ubuntu 操作系统中使用终端来运行代码。

我们预期的情况是，每个玩家将得到一次机会去猜测另一个玩家背包中的物品。计算机将会询问是否继续游戏。如果你输入"YES"，则继续猜测。如果你输入"NO"，则会显示分数，同时游戏结束。

• 如果游戏能按照你预想的方式运行，那么你可以向其他人展示一下，让他们看看你的游戏是如何运行的。

• 针对猜测的结果是否正确，显示不同的消息。

• 制作一条游戏结束消息，例如"Thanks for playing"（谢谢参与）。

对完善这个游戏来说，这些只是众多方法中的几个。通过应用这些代码，你可以了解更多有关代码的运行原理，更深刻地理解事物运转的规律和方式。建议你多玩几次这个游戏，你可以和其他人一起收集一些想法，考虑如何修改代码来改变这个游戏，同时也能更透彻地理解每一行代码。

快 速 练 习

Q1 嵌套是什么？

1. 当小鸟修建鸟巢的时候。

2. 当把一个项目放在另一个项目里时。

3. 在应用游戏循环时。

4. 在使用字典时。

Q2 在这个游戏中，被称为 players 的列表组织起什么东西？

1. 组织分数。

2. 组织玩家的名字。

3. 组织起属于每个玩家的所有物品。

4. 组织了一个背包。

Q3 players 列表中有什么类型的项目？

1. 玩家想要的任何物品。

2. 字符串。

3. 整数。

4. 字典。

Q4 什么是游戏循环？

1. 持续运行的循环。

2. 具有游戏逻辑的循环。

3. 保持游戏运行的循环。

4. 选项 2 和选项 3。

【 📖 将你的答案和本书最后"快速练习答案"中的答案比较一下。 】

小 结

本章完成了大量的工作。我们复习了所有学过的技能！我们在 if 或 else 语句中使用了逻辑。我们使用了布尔值来改变游戏的状态，例如 True 和 False。我们使用 for 循环来控制特定事件发生的次数，还使用一个 while 循环作为我们的游戏循环。最后，我们使用列表和字典来存储自定义信息，并允许在游戏中更改如玩家分数等信息。我们在本章学习了一项新技能：嵌套。我们的背包游戏使用了嵌套列表和字典，还使用了嵌套循环，例如，在 while 循环中嵌套 for 循环。

在本章中，我们运用了很多方法来创建这个游戏。我们的目的是使用 Python 工具箱中的所有工具。其实，有很多不同的方法来创建背包游戏。有些可能更简单，有些可能更复杂。在继续学习后面的内容之前，你应该尝试探索，改变一下这个游戏。以本书代码为起点，利用互联网资源帮助你提高 Python 技能。

在下一章中，我们将学习使用 Python 制作图形的方法。我们将学习图形库的一些功能，可以将其应用于开发我们的最后一个游戏。我们将要学习的功能包括制作一个游戏屏幕、绘制图形和移动物体。我们甚至会学习如何让一个物体在另一个物体上反弹起来（提示：这只是个错觉）。此外，下一章还需要安装一些软件。

pygame

在上一章中，我们创建了一个简单的双人猜谜游戏。在本章中，你将了解 pygame 模块的相关知识，以及如何使用 Python 来创建游戏。

什么是pygame

pygame 是一套专用于设计编写游戏的 Python 模块组。pygame 是免费的开放资源，这意味着我们可以免费使用，还可以与他人共享。pygame 的开发人员已经确保它能与几种不同的图形显示引擎相互兼容，这也意味着使用pygame 开发的游戏可以在各种环境中运行。安装 pygame 是一个细致的过程，要经过几个安装步骤，所以你可能需要父母或其他成年人的帮助。我们将在本章的下一节中，讲解如何在 Windows、mac OS 和 Ubuntu 操作系统中安装 pygame。

pygame 非常受欢迎，网站也在随时更新。

你可以使用网站的搜索栏来搜索需要的信息。

在安装了 pygame 之后，你会了解到 pygame 的功能特点。这些功能在第 9 章我们创建最后一个项目时非常有用。这是我们利用图形创建的第一个游戏，我们将使用大部分基本功能来创建一个双人互动游戏。

## 8

安装pygame

pygame 在不同操作系统上的安装过程略有不同。接下来将介绍如何在 Windows、mac OS、Ubuntu 和 Raspberry Pi 操作系统上安装 pygame。你可以直接跳到你当前所用的操作系统章节，看一下安装 pygame 的相关说明。这里请注意一下，安装 pygame 需要连接互联网，有些部分的安装时间可能会久一些。

在Windows操作系统上安装pygame

在 Windows 操作系统上安装 pygame，你需要访问 pygame 官方网站。

如果你不知道 Windows 版本的 pygame 在什么地方，那么在搜索栏中输入 "download" 并进入下载页面。这时你会看到如下图所示的相关信息：

Windows

Get the version of pygame for your version of python. You may need to uninstall old versions of pygame first.
NOTE: if you had pygame 1.7.1 installed already, please uninstall it first. Either using the uninstall feature - or remove the files: c:\python25\lib\site-packages\pygame . We changed the type of installer, and there will be issues if you don't uninstall pygame 1.7.1 first (and all old versions).

- pygame-1.9.1.win32-py2.7.msi 3.1MB
- pygame-1.9.1release.win32-py2.4.exe 3MB
- pygame-1.9.1release.win32-py2.5.exe 3MB
- pygame-1.9.1.win32-py2.5.msi 3MB
- pygame-1.9.1.win32-py2.6.msi 3MB
- pygame-1.9.2a0.win32-py2.7.msi 6.4MB
- pygame-1.9.1.win32-py3.1.msi 3MB
- pygame-1.9.2a0.win32-py3.2.msi 6.4MB
- (optional) Numeric for windows python2.5 (note: Numeric is old, best to use numpy) http://rene.f0o.com/~rene/stuff/Numeric-24.2.win32-py2.5.exe
- windows 64bit users note: use the 32bit python with this 32bit pygame.

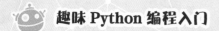

请按照以下步骤操作：

❶ 访问 pygame 的网站。

❷ 下载 pygame-1.9.2a0.win32-py2.7.msi 版本的 pygame。

❸ 转到文件下载的位置。

❹ 双击 pygame-1.9.2a0.win32-py2.7.msi 文件。

❺ 选择"Run"（运行）。

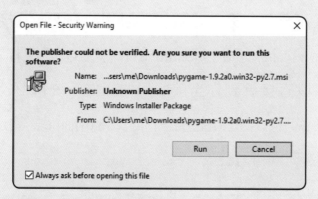

❻ 在安装选项中选择安装 Python。

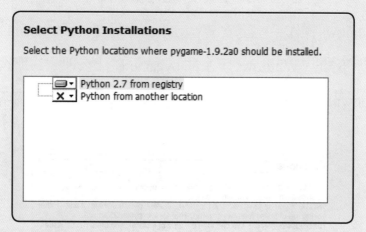

❼ 允许计算机完成安装。

最后一切准备就绪。让我们来测试安装是否成功，请打开 Python shell，并输入以下代码：

```
import pygame
```

如果你没有看到错误消息，那么恭喜你安装成功！如果没有成功，那么检查一下你的安装步骤，或者寻求别人的帮助。

在mac OS操作系统上安装pygame

在 mac OS 操作系统上，实际安装 pygame 之前，我们需要做一些准备工作：

- 安装 Xcode（免费软件，可在 App Store 上获取）。
- 安装 Homebrew（免费的开源软件）。
- 连接互联网。

关于安装过程，你可以请成年人来帮助你，尤其是在你对终端不是很熟悉的情况下。

安装 Xcode

首先打开终端，转到你第一次安装 Python 的目录（如果你忘记了如何找到主目录，那么请参阅第 1 章内容）。在你的 Python 目录下，可以安装 Xcode。Xcode 是一种开发工具，具有强大的功能。

现在，我们将通过在命令提示符或终端中输入以下命令来安装 Xcode：

```
xcode-select --install
```

如果你的计算机已经安装了 Xcode，那么你将得到一条错误消息，该消息会告诉你已经安装了 Xcode。如果还没有安装 Xcode，那么 Xcode 将开始安装。Xcode 一旦安装，就可以继续下一步操作了。这里你需要有一点耐心，因为 Xcode 需要花费一些时间来安装。如果想要测试安装是否成功，可以再次尝试输入安装命令，你会看到已经安装的消息。

趣味 Python 编程入门

```
Jessicas-MacBook-Air:~ jessicanickel$ xcode-select --install
xcode-select: error: command line tools are already installed, use "Software Upd
ate" to install updates
```

安装 Homebrew

下一步是安装一个名为 Homebrew 的软件包管理系统。这听起来很复杂，但它的意思就是你能够更容易地得到一些炫酷的东西。Python 中有一个被称为 pip 的东西，它安装了 Python 的软件包。我们将要安装另一个被称为 Homebrew 的系统，目的就是使用 Homebrew 来管理许多不同类型的软件包，还可以用于故障诊断。

用户可以使用 Homebrew 官方网站上提供的 curl 命令来安装 Homebrew。Homebrew 在安装中会向你提出问题，并在每一步都提供最好的安装建议。如果想了解更多信息，你可以到 Homebrew 官方网站了解相关使用说明。

利用 Homebrew 安装程序

在安装 Homebrew 之后，你可以使用它来安装 pygame 所需的其他相关程序。我们需要使用 Mercurial 和 Git，二者都是版本控制系统，它们会追踪代码的每一次更改：

```
brew install mercurial
brew install git
brew install sdl sdl_image sdl_mixer sdl_ttf portmidi
```

安装这些软件需要几分钟的时间。安装完毕后，你就可以安装最终的 pygame 了。安装 pygame 的命令一开始需要使用 sudo，你需要知道计算机的管理员密码。

【 如果你不知道计算机的管理员密码，可以找知道的人问一下。 】

上述安装完成之后，就可以使用pygame了。在我们继续下一步之前，可以先测试一下安装是否成功。打开 Python shell，在 Python shell 中输入以下代码：

```
import pygame
```

如果屏幕上出现 "import error: no module named pygame"，那就说明你的安装出现了错误。检查一下安装步骤，或者寻求他人帮助。如果你按下Enter键，屏幕上什么都没有显示，那么说明pygame的安装正确！

在Ubuntu 操作系统上安装pygame

在编写本书时，针对 Ubuntu 的最新 pygame 版本是 15.04，这里就以此版本介绍安装过程。首先，你需要安装 pip 软件包管理器：

```
sudo apt-get install python-pip
```

你应该注意到这里再次使用了 sudo 命令，这就意味着你需要计算机的管理密码。接下来，你需要使用 apt-get 安装 pygame：

```
sudo apt-get install python-pygame
```

现在，可以测试和检查一下 pygame 安装是否成功，你需要打开 Python shell 并输入如下命令：

```
import pygame
```

如果出现错误消息，那么说明安装的某个部分不正确。重新阅读安装说明并再次尝试安装，如有必要可以寻求他人帮助。如果 import pygame 之后紧跟了一个空行，那就意味着一切正常，你可以准备进入下一节了！

在Raspberry Pi操作系统上安装pygame

如果你使用的是 Raspberry Pi，并且运行针对 Pi 的一个操作系统，那么已经全部设置好了！ Python 和 pygame 是预先安装在这些系统上的。接下来阅读本章的其余部分，你可以学习到 pygame 的基本功能和模块。

pygame

如果要测试 pygame 的功能，可打开文本编辑器，创建一个名为 sample.py 的文件，并将其保存在你的工作文件夹中。你想要使用 pygame，需要在 samply.py 文件的第一行导入 pygame 模块：

```
import pygame
```

pygame初始化

接下来，我们需要了解一下启动 pygame 实例所需的方法。如果要启动 pygame，需要初始化 pygame 模块的一个实例。我们通过调用 init() 函数来实现这一点：

```
pygame.init()
```

pygame 的游戏循环与我们在之前项目中使用的游戏循环是一样的。在本章中，pygame 循环将是一个 while 循环，利用 while True 来指示游戏循环应该一次又一次地重复，直到循环停止：

```
1  import pygame
2
3  pygame.init()
4
```

设置游戏屏幕的尺寸

在设置 pygame 并初始化之后，要创建一个基本的背景屏幕。

针对本节中的任务，我们将使用 pygame.display 和 pygame.Surface 模块。我们的第一个任务是设置背景屏幕的尺寸。对于这个任务，我们将创建变量 screen_width 和 screen_height，并使用 pygame.display.set_mode() 函数。我们在 pygame.init() 下面编写如下 3 行代码：

```
screen_width = 400
screen_height = 600
pygame.display.set_mode((screen_width, screen_height))
```

这是设置背景屏幕尺寸的最基本的方法，而且如果我们只使用这个基本设置，pygame 还能够选择最适合我们系统的显示色数。

将你的代码与下面所示的代码进行比较。

```
6  screen_width = 400
7  screen_height = 600
8  pygame.display.set_mode((screen_width, screen_height))
```

设置游戏屏幕的颜色

在计算机程序设计中，颜色用数字表示，每种颜色都由 3 个数字组成。每个数字代表红色、绿色和蓝色的饱和度，你可以在 0 ~ 255 之间选择数字。当所有的数字都为 0 时，game_screen 将是黑色。当所有的数字为 255 时，即 (255, 255, 255)，game_screen 将是白色；(255, 0,0) 是红色，(0,255, 0) 是绿色，(0,0,255) 是蓝色。

我们当然不会在代码中重复使用这样的数字，而是为每种颜色创建一个全局变量，并且用颜色命名变量，可以直接使用颜色。我们从 sample.py 文件的第 6 行开始，在代码中添加一系列全局变量，代码如下所示：

```
black = (0, 0, 0)
white = (255, 255, 255)
red = (255, 0, 0)
green = (0, 255, 0)
blue = (0, 0, 255)
```

我们使用 fill() 函数来实现设置颜色的目的。这里我们将设置变量 game_screen = pygame.display.set_mode((screen_width, screen_height))，然后利用 fill() 函数来设置背景颜色。在 sample.py 文件的第 14 行增加如下代码，设置变量 game_screen：

```
game_screen = pygame.display.set_mode((screen_width, screen_height))
```

在第 15 行添加代码来填充屏幕的颜色：

```
game_screen.fill(black)
```

```
1  import pygame
2  import time
3
4  pygame.init()
5
6  black = (0, 0, 0)
7  white = (255, 255, 255)
8  red = (255, 0, 0)
9  green = (0, 255, 0)
10 blue = (0, 0, 255)
11
12 screen_width = 400
13 screen_height = 600
14 game_screen = pygame.display.set_mode((screen_width, screen_height))
15 game_screen.fill(black)
```

创建静止物体

现在我们要学习如何在屏幕上设置静止（固定）的物体，这通常被称为绘制物体。想要知道物体放在什么位置，需要了解网格和坐标。如果你在数学课上已经学习过网格知识，例如 x 轴和 y 轴等，那么会对我们运用相同的知识非常有帮助。我们将使用 x 坐标和 y 坐标来设置网格上每个物体的位置。

146

在数学课上，坐标 (0,0) 通常位于网格的中心。在 pygame 中，坐标 (0,0) 位于屏幕的左上角。当你从左到右沿着 x 轴移动时，数字会变大。因此，对屏幕为 (400,600) 来说，x 轴从左边的 0 开始一直到 400，这就是最大屏幕宽度。

当你从屏幕左上角沿着 y 轴向屏幕左下角移动时，数字也会增加。所以，y 轴从最上边的 0 开始，当到达屏幕的底部时，它就变成了 600，这就是屏幕的最大高度。

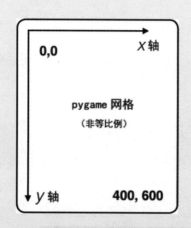

我们需要了解上述内容，这样当我们在屏幕上绘制物体时，才能知道物体将在什么位置。例如，为了在屏幕的中心画一个圆，圆的中心应该位于坐标 (200,300) 的位置。绘制这个圆的代码如下所示：

```
pygame.draw.circle(Surface, color, pos, radius)
```

在这行代码中，我们需要定义很多参数，让我们来看看每一个参数的含义：

• Surface(操作台)就是 game_screen(游戏屏幕)，它定义了在哪里绘制这个圆。

• 对于 color(颜色)，我们为每一种颜色创建了一个全局变量，可以使用其中任意一个全局变量。在本示例中我们使用了红色。

• pos(位置) 表示圆心的所在位置。因为它是坐标 (x, y)，所以将是小括号中的两个数字。

• radius(半径) 告诉计算机圆心到圆的边缘的距离，所以 radius 用来决定圆的大小。

现在，你已经知道了每个参数的作用，我们在 sample.py 文件的第 17 行中添加一个圆，代码如下：

```
pygame.draw.circle(game_screen, red, (200, 300), 20)
```

因此，上面的代码将在主屏幕的中心绘制出一个红色的圆，它的宽度为 40 像素（从圆心到边缘是 20 像素），圆的边缘宽度为 2 像素。然后，屏幕将刷新显示这个圆。

pygame 可以绘制大量的图形，非常适合开发各类型的游戏。由我们编写的代码所绘制出的圆示例如下图所示。在我们编写 while 循环之后，就能够运行这行代码了。

while 循环——查看屏幕

我们来添加一些代码，以便在屏幕上查看正在绘制的图形。我们可以创建一个 while 循环，并将所有动作放在 while 循环的内部，例如绘制图形和屏幕显示。首先，我们看一下 while 循环的示例，如下所示，这样你就知道完成后的代码是什么样子的：

```
15
16 while True:
17     pygame.draw.circle(game_screen, red, (200, 300), 20)
18     pygame.display.update()
```

我们在第 16 行创建了一个 while 循环。这里使用了布尔值 True 来保持所有的动作进行。我们将 while 循环添加到 sample.py 文件的第 16 行，代码如下：

```
while True:
```

在 while 循环之下就是我们已经编写的绘制圆的代码，这里要缩进 4 个空格。在第 18 行我们添加 pygame.display.update() 函数，代码如下：

```
pygame.display.update()
```

运行代码，就能看到我们的第一个可视化屏幕了！如果想要测试这段代码，可打开终端或命令提示符，然后使用以下命令来运行你的代码：

```
python sample.py
```

绘制更多的图形

现在你已经知道如何绘制圆，接着就可以准备绘制其他图形了。这里我们将学习一些基本图形的代码。你可以将绘制不同图形的代码添加到 while 循环中，并且可以与他人共享这些 Python 艺术作品。

矩形

绘制矩形的基本函数是 pygame.draw.rect(Surface, color, (x, y, width, height))。参数 Surface 就是 game_screen；color(颜色) 可以设置成任何你喜欢的颜色。x 变量和 y 变量将决定矩形的左上角的位置。width(宽

度）和 height（高度）以像素为单位，决定了矩形的大小。我们将这行代码复制到 sample.py 文件中的第 18 行：

```
pygame.draw.rect(game_screen, blue, (20, 20, 50, 80))
```

以上代码需要放置在 pygame.display.update() 代码之前。在这个练习中，pygame.display.update() 函数应该是代码文件中的最后一行。

椭圆形

我们可以用 pygame.draw.ellipse(Surface,color,(x,y,width,height)) 函数绘制椭圆形。你会注意到椭圆形函数与矩形函数具有相同的参数，但椭圆形是在矩形内绘制一个椭圆形，而不是填充整个矩形。如果你想在代码中添加一个椭圆形，可将以下代码复制到第 19 行：

```
pygame.draw.ellipse(game_screen, white, (300, 200, 40, 80))
```

你可以保存并尝试运行代码，应该能看到在黑色背景中有红色圆形、蓝色矩形和白色椭圆形。

```
python sample.py
```

如果你编写的代码没有错误，那么代码运行结果应该如下图所示：

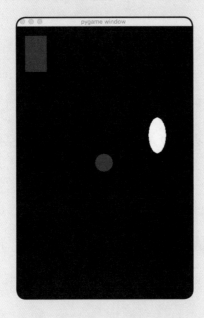

图形试验

你已经知道了如何创建圆形、矩形和椭圆形，现在可以开始试验每一个参数的作用。你可以改变图形的半径、宽度或高度，这样就能改变其大小。若改变 x 轴和 y 轴，或者同时改变二者，则会改变图形在屏幕上的位置。你可以尝试下面的这些试验：

- 改变圆的半径。
- 改变每个图形的 x 坐标和 y 坐标。
- 改变矩形和椭圆形的宽度和高度。
- 改变每个图形的颜色。

更复杂的图形

我们可以利用 pygame 创建一些更复杂的图形，包括你喜欢的任意多边形。你可以阅读 pygame 文档，在 pygame.draw 模块中探索各种不同的函数。

创建移动物体

很多值得玩的视频游戏都需要移动物体。但相比静止物体，移动物体有更多的问题要解决。下面就是一些关于移动物体的问题：

- 你希望物体从屏幕的什么位置开始移动？
- 物体如何移动？
- 如何控制物体移动的速度？
- 一个物体碰撞到另一个物体，该物体如何反应？
- 当物体接触到屏幕边缘时，该物体如何反应？
- 物体何时停止移动？

创建移动物体的方法与创建静止物体一样，在屏幕上绘制出来。

利用键盘移动物体

假设我们想在屏幕上移动红色圆形，需要考虑的并不是物体实际上在移动，而是物体看起来在移动。下面就是我们移动物体的方法：

- 绘制一个物体。
- 获取用户的输入。
- 根据用户的动作，利用 pygame.display.update() 重绘物体。

pygame.key 模块包含了配合使用键盘的方法。在游戏循环中，我们需要知道用户是否正在按下按键来移动蓝色矩形。所以，为了知道用户是否正在按下按键移动矩形，我们应该使用如下代码：

```
pygame.key.get_pressed()
```

当用户按下按键时，如果我们要控制计算机获取这个用户输入，可以使用以下这行代码：

```
pygame.key.set_repeat()
```

这行代码会告诉计算机，当有人按住键盘按键或者反复按下按键时，应该做什么，这种情况在游戏中经常发生。我们将利用这些 key 函数来设置一些 if 或 else 逻辑，这样当某些按键被按下时，就知道蓝色矩形应该如何移动。我们将在下一章中学习这种方法。

键盘上有很多按键。在继续下一章学习之前，我们先回顾一下 pygame 的文档，并学习一下如何选择按键。例如，如果你想使用下移键，那么你应该使用"pygame.K_DOWN"来标识该按键，然后使用其他代码来查看一下，当下移键被按下时会发生什么情况。

快速练习

Q1 如何开始使用 pygame？

1. pygame.display.set_mode()。

2. pygame.init()。

3. pygame.exit()。

4. pygame.quit。

Q2 在 pygame 中物体如何移动？

1. 物体利用速度移动。

2. 物体利用重力移动。

3. 物体利用碰撞检测移动。

4. 物体只是看起来在移动，但实际上物体是不断地被重新绘制。

Q3 如何使用 pygame 重新绘制物体？

1. pygame.rerender()。

2. pygame.display.object()。

3. pygame.display.update()。

4. pygame.rect()。

Q4 在 pygame 中用来识别按键的简写是什么？

1. pygame.K_keyname。

2. pygame.keyname。

3. pygame.keys.K.name。

4. pygame.key。

【 📖 将你的答案和本书最后"快速练习答案"中的答案比较一下。】

小　结

在本章中，你学习了利用 pygame 创建交互式游戏所需的各方面知识。你还学习了如何找到 pygame 软件，并在你的操作系统上安装该软件。然后，你又学习了初始化 pygame 的方法。你设置了游戏屏幕，包括大小和颜色。你还在游戏屏幕上添加了静止物体，学习了关于移动物体的代码，我们将在最后的游戏中创建移动物体。

在下一章中，我们将使用在前面学习到的所有技能来创建一个完整的游戏。这里建议你通读本书，重做一遍所有你不完全理解的练习。同时强烈建议你参看 pygame 文档，并尽可能多地阅读和理解其中的内容。本章所描述的内容和方法示例将会对下一章的学习非常有帮助。你准备要把所有知识融会贯通了吗？我们进入第 9 章吧！

小小网球

    "小小网球"（Tiny Tennis）游戏是一款双人游戏，玩家可以使用一个键盘上的按键来控制两个球拍，来来回回击打网球。看到这个游戏的时候，你会觉得它很简单，实际上这个游戏能够运行起来需要许多不同的组成部分。

编程游戏原理介绍

在本章中，我们的游戏项目会应用到许多编程游戏原理。首先，请记住物体在空间中的运动是我们的错觉。与现实不同的是，我们所创建的物体之所以看起来在移动，是因为我们在不同位置重新绘制这个物体。

我们讨论的另一个原理是游戏循环。游戏循环在游戏中很重要，因为它控制着游戏中需要发生的所有事情，包括物体的移动和重绘。游戏循环的时间控制也很重要，因为它将告诉计算机游戏循环的次数。游戏循环每一次运行也被称为帧（frame），而游戏循环运行的速度则被称为帧速率。

最后，我们需要考虑玩家如何与游戏互动，这是游戏设计的一个重要部分。这意味着我们将考虑玩家如何使用键盘，如何将他们的分数存储在程序的内存中，如何将分数显示在屏幕上的某个地方。

游戏规划

在开始编写代码之前，需要打开 Python shell、终端和文本编辑器。因为整个章节都要编写和测试代码，所以我们将在这些工具之间来回切换。设置好你的显示器，这样就可以轻松地在各个窗口之间切换。

设置好工作区域之后，转到文本编辑器窗口。我们将在文本编辑器窗口中利用注释来阐述游戏概要，以便我们更好地开展编程工作。

创建游戏组成部分的概要

我们将创建这个游戏的过程分为 4 个部分。

- 第 1 部分：导入库文件，定义全局变量和绘图。
- 第 2 部分：移动球拍。
- 第 3 部分：移动网球。
- 第 4 部分：绘制屏幕并追踪分数。

在文本编辑器中创建一个名为 tiny.py 的文件。然后，在 tiny.py 文件中输入以下几行代码：

```
# imports, globals and drawing
# moving the paddles
# moving the ball
# keeping score
```

以上代码输入完成之后，请保存你的文件。这个文件现在提供了创建该游戏所需的工作。你的文件看起来如下所示：

```
1 # imports, globals and drawing
2 # moving the paddles
3 # moving the ball
4 # keeping score
```

我们正在遵照一种特别的方法来创建小小网球游戏。这里需要注意的是，编写这个游戏代码可能会有很多方法，而我们所采用的方法是可以回顾在本书中学到的所有内容。在本章的最后以及下一章中，我们将讨论一些更高级（更加合理）的编程技能，你可以使用这些技能让这个游戏实现更多的功能，更加好玩。现在让我们开始这个游戏吧！

第1部分：导入库文件，定义全局变量和绘图

在第1部分中，我们将编写代码，用于导入库文件，定义全局变量，并告诉计算机如何绘制屏幕、网球和球拍。

导入库文件

我们编写的第一行代码用于将必要的库文件导入游戏中，包括pygame。我们将在游戏中使用3个库：pygame、time 和 random。pygame 库是我们在上一章中讨论过的，它允许我们在游戏中创建视觉元素。random 库包含在 Python 中，能够用来在游戏中选择和使用随机数。time 库是 Python 中处理时间的标准库。如果要在代码中使用这些模块和库文件，可以在 tiny.py 文件中输入以下代码替换注释：

```
# imports
import pygame
import random
import time
```

如果注释能帮助你整理思路，那么可以在代码中进行注释。现在我们还将初始化 pygame，这样才能够使用所有的功能，包括绘制图形和

【 💡 现在 tiny.py 文件中添加了新的代码行，一定要及时保存文件。你要养成随时保存代码的好习惯。】

运行游戏循环。为了初始化 pygame，我们要使用 init() 函数，输入以下两行代码：

```
# initialize pygame
pygame.init()
```

利用 pygame.init() 启动 pygame 程序，并且使 pygame 程序一直运行，直到玩家退出 pygame，程序停止运行。这样就允许我们在整个游戏过程中访问 pygame 内部所有内容。随着我们不断编写更多游戏代码，你会意识到这非常重要。现在，你需要再次保存 tiny.py 文件：

```
1 # imports
2 import pygame
3 import random
4 import time
5
6 # initialize pygame
7 pygame.init()
```

定义全局变量

这里提醒一下，全局变量是我们在整个文件中都可以使用的变量。我们将为自己想要使用的颜色设置全局变量，为屏幕、球拍和网球设置全局变量。

定义颜色

首先，我们将为每种颜色创建全局变量。正如我们在第 8 章所学到的，颜色用小括号和括号中的 3 个不同的数字来表示，这也被称为元组。这样我们就可以在整个游戏中直接使用所有颜色的名称。

为几种颜色创建全局变量，完全取决于你决定添加哪些颜色到你的代码中。下面是一个常见的颜色列表，你可能会在游戏中使用到这些颜色。

```
red = (255, 0, 0)
orange = (255, 127, 0)
yellow = (255, 255, 0)
green = (0, 255, 0)
blue = (0, 0, 255)
violet = (127, 0, 255)
brown = (102, 51, 0)
black = (0, 0, 0)
white = (255, 255, 255)
```

上面的列表包含了游戏代码中常见的基本颜色。如果你想使用更高级的颜色，可以在互联网搜索引擎中搜索"rgb color codes chart"，你会发现每种颜色都有不同的变化，你可以根据自己的喜好更改颜色，例如浅蓝色或深蓝色。在你更改所有喜欢的颜色之后，请一定保存工作文件。

```
1  # imports
2  import pygame
3  import random
4  import time
5
6  # initialize pygame
7  pygame.init()
8
9  # color globals
10 red = (255, 0, 0)
11 orange = (255, 127, 0)
12 yellow = (255, 255, 0)
13 green = (0, 255, 0)
14 blue = (0, 0, 255)
15 violet = (127, 0, 255)
16 brown = (102, 51, 0)
17 black = (0, 0, 0)
18 white = (255, 255, 255)
19
```

调整屏幕大小

接下来需要设置主屏幕的大小、颜色和文本。下面就是屏幕的全局变量，我们将为屏幕的宽度和高度添加以下代码：

```
# screen globals
screen_width = 600
screen_height = 400
```

现在我们创建了 screen_width 和 screen_height 变量，可以在整个代码中使用这些变量，会让代码更容易阅读。另外，如果我们决定改变屏幕的宽度或高度，可以将这个全局变量一次全部改变，同时所有代码仍可正常运行。

绘制屏幕

变量 screen_width 和 screen_height 是 pygame 需要的基本信息，根据它们设置游戏屏幕的实际大小。pygame 有一个 pygame.display.set_mode() 函数，这个函数利用变量 screen_width 和 screen_height 设置显示屏幕。现在，编写 pygame.display.set_mode ((screen_width, screen_height)) 语句。这是一行很长的代码，如果我们需要反复输入它，会非常麻烦。所以，我们将其设置为一个名为 game_screen 的全局变量，代码如下：

```
game_screen = pygame.display.set_mode((screen_width, screen_height))
```

创建屏幕变量

我们使用的下一组函数将设置屏幕顶部的文字和游戏屏幕的字体。代码的第一行定义了我们想要看到的字符串，第二行定义了字体和大小。如果字体和大小不可用，那么在默认情况下，将使用操作系统上最初设置的字体和大小。这种情况适用于 Windows、mac OS 和 Ubuntu 系统。

```
pygame.display.set_caption("Tiny Tennis")
font = pygame.font.SysFont("monospace", 75)
```

我们已经设置了创建游戏屏幕所需的所有基本变量。记得随时保存你的工作文件。准备好之后，我们将继续编写所需的网球、球拍和分数的全局变量。屏幕代码的示例应该如下所示：

```
19
20 # screen globals
21 screen_width = 600
22 screen_height = 400
23 game_screen = pygame.display.set_mode((screen_width, screen_height))
24 pygame.display.set_caption("Tiny Tennis")
25 font = pygame.font.SysFont("monospace", 75)
26
```

设定网球的起始位置

在小小网球游戏中，网球是游戏中最重要的部分，所以针对网球我们有很多工作要做。首先，我们需要赋予网球一些全局的特征，这样才能通过绘制和重绘制造出运动错觉。

首先，我们需要设置网球的 x 坐标和 y 坐标。通过创建这样一个全局变量，可以告诉计算机在哪里重新绘制网球，并且不必为网球的每次移动编写特殊的代码。我们将设置 x 坐标和 y 坐标的默认值，让网球以屏幕的中心为起始位置。将下面这行代码输入到 tiny.py 文件中：

```
# ball globals
ball_x = int(screen_width / 2)
ball_y = int(screen_height / 2)
```

设定网球的速度和方向

针对网球移动，我们通过给 x 坐标和 y 坐标赋值，告诉网球移动多远。

```
ball_xv = 3
ball_yv = 3
```

ball_xv = 3 表示每次重绘网球时，网球沿 x 轴移动 3 个像素。ball_yv = 3 表示每次重绘网球时，网球沿 y 轴移动 3 个像素。这种设置可以按照我们的想法，保持网球移动的速度和方向。这里 v 代表 velocity（速率），即网球的速度和方向。所以，当我们说 ball_xv = 3 时，实际的含义是当每次屏幕重绘时，网球以 3 个像素的速度沿 x 轴移动。

设定网球的大小

最后我们要定义的是网球的半径。通过设定网球的半径，就可以设定网球的大小。将下面这行代码输入到 tiny.py 文件中，用来表示网球的半径：

```
ball_r = 20
```

一定要记得保存当前的工作文件。我们来看一看这段代码的示例：

```
26
27 # ball globals
28 ball_x = int(screen_width / 2)
29 ball_y = int(screen_height / 2)
30 ball_xv = 3
31 ball_yv = 3
32 ball_r = 20
33
```

设定球拍的起始位置和大小

这个游戏中有两个球拍。在本章开始前，我们提到过有不止一种方法可以实现我们想要完成的事情。这里有很多更高级的方法来创建球拍，但是都需要你理解球拍的每个部分，这一点很重要。所以我们会把代码分解得非常简单。在你完成这个游戏之后，还可以研究一下关于创建对象的问题，并尝试将球拍作为对象创建。

我们将赋予球拍 4 个数字：x 轴上的起始位置、y 轴上的起始位置、宽度和高度。在网球的全局变量下面，也就是代码的第 34 行，将下面5 行代码添加到 tiny.py 文件中：

```
# draw paddle 1
paddle1_x = 10
paddle1_y = 10
paddle1_w = 25
paddle1_h = 100
```

你可能已经注意到，上面我们编写的代码是创建 paddle1（球拍 1）。小小网球这个游戏需要两个球拍，所以我们还将创建 paddle2（球拍 2），而且两个球拍的大小要相等，但二者的位置相对。为了创建第二个球拍，从第 40 行开始输入下面 5 行代码：

```
# draw paddle 2
paddle2_x = screen_width - 35
paddle2_y = 10
paddle2_w = 25
paddle2_h = 100
```

这里，你会注意到球拍 2 的 x 坐标与 screen_width 变量相结合，也就是屏幕宽度 x 坐标值 (600)，减去球拍的宽度 (25) 与球拍 1 的 x 坐标值 (10)。这个数学运算可以确保球拍到屏幕右边的距离与到屏幕左边的距离一样。如果你感到困惑，可以先将代码复制到你的文件中，并保存文件。然后改动这些数字，看看球拍随着每个数字的改动是如何变化的。

```
33
34 # draw paddle 1
35 paddle1_x = 10
36 paddle1_y = 10
37 paddle1_w = 25
38 paddle1_h = 100
39
40 # draw paddle 2
41 paddle2_x = screen_width - 35
42 paddle2_y = 10
43 paddle2_w = 25
44 paddle2_h = 100
45
```

初始化分数

为了获取和记录分数，我们将为每个玩家创建一个以默认分数 0

开始的变量。这是一个全局变量，会随着游戏循环的运行而改变。目前，我们只需要为每个玩家设置占位符。从第 46 行开始添加以下代码：

```
# score
player1_score = 0
player2_score = 0
```

我们已经创建了所有的全局变量，这些变量被称为全局变量，是因为它们可以在整个代码文件中随时调用。记得保存文件，然后将你的代码与下页所示已经完成的代码进行比较：

```
9  # color globals
10 red = (255, 0, 0)
11 orange = (255, 127, 0)
12 yellow = (255, 255, 0)
13 green = (0, 255, 0)
14 blue = (0, 0, 255)
15 violet = (127, 0, 255)
16 brown = (102, 51, 0)
17 black = (0, 0, 0)
18 white = (255, 255, 255)
19
20 # screen globals
21 screen_width = 600
22 screen_height = 400
23 game_screen = pygame.display.set_mode((screen_width, screen_height))
24 pygame.display.set_caption("Tiny Tennis")
25 font = pygame.font.SysFont("monospace", 75)
26
27 # ball globals
28 ball_x = int(screen_width / 2)
29 ball_y = int(screen_height / 2)
30 ball_xv = 3
31 ball_yv = 3
32 ball_r = 20
33
34 # draw paddle 1
35 paddle1_x = 10
36 paddle1_y = 10
37 paddle1_w = 25
38 paddle1_h = 100
39
40 # draw paddle 2
41 paddle2_x = screen_width - 35
42 paddle2_y = 10
43 paddle2_w = 25
44 paddle2_h = 100
45
46 # score
47 player1_score = 0
48 player2_score = 0
49
```

第1部分的程序测试

现在我们已经导入库文件，初始化 pygame，并为颜色、屏幕、网球和球拍创建了全局变量，可以进行一次测试来检查程序的运行情况。为了测试游戏，需要在终端或命令提示符中定位到保存 tiny.py 文件的目录。运行以下命令，来查看游戏的运行情况：

```
python tiny.py
```

运行这个命令时，你应该会看到一个窗口弹出并关闭。该窗口不会保持打开状态，因为我们没有编写任何代码来运行游戏。但是，如果代码运行，并且终端或命令提示符中没有出现错误信息，那么你可以自信地继续接下来的工作。

这里可能出现的一些常见错误包括语法错误（使用错误的符号）、拼写错误（错误地拼写某些内容，例如 Python 关键字）或试图在错误的目录中运行你的文件。

如果你得到的错误信息不是上述常见错误，可以通过互联网搜索查找你所遇到的问题。即使是有经验的开发人员，也会利用互联网搜索来寻求帮助，修复错误，这是十分常见的事情。而且为了帮助大家学习，有许多网站和博客都在维护和更新。

第2部分：移动球拍

现在我们终于可以编写球拍代码了，要让球拍出现在屏幕上并且可令玩家控制。这里，我们有机会使用到在前面章节中学习到的逻辑和循环。在小小网球游戏中，有许多决定都是快速做出的，计算机擅长根据我们的指令快速做出决定。下面是接下来的代码组成部分：

- 创建 while 循环。

- 关键事件。

我们将一步一步地编写这些代码片段，然后通过运行它们来测试代码是否有错误。建议你在开始编写代码之前，先通读整个第 2 部分，这样你就知道应该怎么做了。在你通读之后，有趣的事情就开始了！

循环前的动作

在真正创建 while 循环之前，我们将编写两个动作。第一个动作是确保当鼠标指针移到游戏屏幕上方时消失不见，这样游戏就不会中断。在 pygame 中，针对这种运行状态有一个特殊的函数：

```
pygame.mouse.set_visible(0)
```

通过将可见性设置为 0，我们可以控制鼠标指针在游戏中不可见。因为在游戏中不需要鼠标，所以可以这样设置。

第二个动作是为 while 循环设置全局变量。我们将调用主游戏循环变量 do_main。所以我们设置 do_main = True：

```
do_main = True
```

【 💡 请记住，语法和字母大小写浪重要。注意大写字母 T，并确保正确地复制它。
请牢记 True 是一个布尔值，而且第一个字母是大写的 T。现在，我们准备
编写 while 循环。 】

创建while循环

我们的游戏循环是一个 while 循环，将使用 do_main 作为循环条件，
这行代码如下所示：

```
while do_main:
```

这行代码的末尾一定要放置冒号 (:)，而且，游戏循环中的所有其他
代码行至少要缩进一次，因为它们都需要在循环中运行。下面为 while
循环的代码示例：

```
50  # game loop
51  pygame.mouse.set_visible(0)  # makes mouse invisible in game screen
52  do_main = True
53  while do_main:
54      pressed = pygame.key.get_pressed()
55      pygame.key.set_repeat()
56      for event in pygame.event.get():
57          if event.type == pygame.QUIT:
58              do_main = False
59
60      if pressed[pygame.K_ESCAPE]:
61          do_main = False
62
63      if pressed[pygame.K_w]:
64          paddle1_y -= 5
65      elif pressed[pygame.K_s]:
66          paddle1_y += 5
67
68      if pressed[pygame.K_UP]:
69          paddle2_y -= 5
70      elif pressed[pygame.K_DOWN]:
71          paddle2_y += 5
72
```

用键盘移动球拍——键盘动作

while 循环中的第一组事件是键盘事件。当一个键或一组键被按下时就发生键盘事件。事件使用 if 或 elif 逻辑。键盘事件至少缩进一个制表符，有些要缩进两个或者更多个制表符。请记住，缩进是 Python 中的一个组织工具，能够帮助我们追踪某些代码应该何时运行。

请注意上面所示的第 54 行代码。在第 54 行代码中，我们将创建 pressed 变量，将它设置为等于 pygame.key.get_pressed() 函数。这样当我们使用这个函数时就可以直接引用比较短的 pressed 变量，在第 54 行输入以下代码：

```
pressed = pygame.key.get_pressed()
```

在第 55 行中，我们使用 pygame.key.set_repeat() 函数。这个函数告诉计算机，只要按键被按下，那么该按键所要执行的动作就应该持续，直到用户松开该按键。在 tiny.py 文件的第 55 行输入下面这行代码：

```
pygame.key.set_repeat()
```

我们将创建第一个循环，这个 for 循环用来判断玩家是否退出。在 for 循环中，我们将使用 pygame.event.get() 函数遍历被找到的每个事件。如果找到的事件是 QUIT（退出）事件，则 while 循环将自动结束。你会注意到这里也使用了 if 逻辑，这样我们就可以告诉计算机，如果发现退出事件就做出决定。应该从代码文件的第 56 行开始输入：

```
for event in pygame.event.get():
    if event.type == pygame.QUIT:
        do_main = False
```

现在我们已经告诉计算机什么时候以及如何结束 while 循环，我们还可以告诉计算机，当某个按键被按下时应该做什么。对这个游戏来说，我们要指定按键来退出游戏，还要指定控制球拍 1 和球拍 2 的按键。

【 如果你不想仅限于本书中的内容，还想选择不同的按键，那么你可以在 pygame 网站上，找到关于使用键盘上每个按键的完整内容列表。】

退出游戏——退出键

为了退出游戏，我们将使用 Esc 键。你会注意到我们使用了 pressed 变量，而变量后面紧跟着 Esc 键的键代码。从第 60 行开始，输入以下两行代码：

```
if pressed[pygame.K_ESCAPE]:
    do_main = False
```

这两行代码告诉计算机，如果按下 Esc 键，那么全局变量 do_main 应该设置为 False。而当 do_main 被设置为 False 时，while 循环停止。稍后我们将编写结束游戏的代码。

玩家1控制球拍

我们将使用 W 键对应玩家 1 球拍的向上移动，使用 S 键对应玩家 1 球拍的向下移动。这两个按键都是非常典型的计算机游戏控制键。注意哪些字母是大写的，哪些字母是小写的，并且确保准确复制代码，在第 63 行输入：

```
if pressed[pygame.K_w]:
    paddle1_y -= 5
elif pressed[pygame.K_s]:
    paddle1_y += 5
```

玩家2控制球拍

玩家2也需要使用键盘控制自己的球拍上下移动，而且是与玩家1同时操作的。这意味着我们必须为第二个球拍指定不同的按键。对于这个游戏，我们使用上移键来向上移动球拍2，使用下移键来向下移动球拍2。从tiny.py文件的第68行开始，输入以下代码：

```
if pressed[pygame.K_UP]:
    paddle2_y -= 5
elif pressed[pygame.K_DOWN]:
    paddle2_y += 5
```

【 💡 牢记，及时保存你的工作文件！ 】

增减数值（+=和-=）

你已经注意到这段代码中的 += 和 -= 符号，这些符号是用来增加或减少某些数值的快捷方式。在移动球拍的代码中，当按下球拍控制按键时，我们使用这些符号来增加或者减少数值。当玩家每次移动球拍时，+= 和 -= 符号对于设置球拍的正确位置非常重要。

趣味 **Python** 编程入门

第2部分的程序测试

又到了再次测试我们代码的时候。在终端或命令提示符下，定位到保存 tiny.py 文件的目录。运行以下命令，看一下游戏的运行情况：

```
python tiny.py
```

在这个测试过程中，你会看到一个打开的窗口，窗口上方的标签是"Tiny Tennis"，除此之外其他部分完全空白，如下图所示：

如果你得到了错误消息，则要记得检查代码的错误，包括输入错误、语法错误和字母大小写错误。

172

第3部分：移动网球

我们已经编写并测试了球拍的代码，现在需要编写代码来移动网球。我们将利用一些代码改变网球的位置，所以会创建一段被称为碰撞检测的代码。

移动网球——更新网球的位置

首先，根据我们在全局变量中设定的网球的速度，来不断更新网球的 x 坐标和 y 坐标。只要我们在玩这个游戏，就要不断更新网球的位置。为了确保当网球移动时，网球的 x 坐标和 y 坐标不断更新，你需要从第73行开始输入下面的代码：

```
# velocity of ball is set
ball_x += ball_xv
ball_y += ball_yv
```

碰撞检测

我们的下一个任务是编写一段被称为碰撞检测的代码。其含义是我们可以对计算机进行编程，来了解两个物体在什么时候会互相碰撞。我们也可以告诉计算机，当物体碰撞时我们想要它做什么。在这个小小网球的游戏中，我们想要检测到 3 种类型的碰撞。

趣味 Python 编程入门

- 网球与屏幕顶部和底部碰撞。

- 球拍与屏幕顶部和底部碰撞。

- 网球与球拍碰撞。

网球碰撞屏幕顶部和底部

一般来说，网球在碰撞屏幕的顶部或底部时会被反弹回来。我们从 tiny.py 文件的第 77 行开始输入以下代码：

```
# collision of ball with top/bottom of screen
if ball_y - ball_r <= 0 or ball_y + ball_r >= screen_height:
    ball_yv *= -1
```

第二行以 if 开头，基本含义是如果网球的 y 坐标值减去网球的半径小于等于 0，或者如果网球的半径加上网球的 y 坐标值大于等于屏幕高度的数值（即 400）时，就要执行某个操作。

在冒号下面的这行代码告诉我们要做什么事情：即网球的 y 坐标的速率应该转向相反的方向。也就是说，在第三行代码 ball_yv *= -1 中，由于是 y 坐标的速度乘以 -1，意味着 y 坐标的速度方向掉转为相反方向。在本示例中，意味着网球的运动方向相反。

那么，为什么这段代码能正常运行呢？因为屏幕顶部的 y 坐标值是 0，如果网球移动超过顶部，那么它的 y 坐标值将小于 0，这意味着它将离开屏幕区域。所以为了保证网球停留在屏幕区域内，当 y 坐标值小于 0 时，我们改变网球移动的方向。

屏幕底部的 y 坐标值是 400，所以，如果网球的 y 坐标值大于 400，那么我们就改变网球的运动方向，让它返回。我们通过将网球的速度乘以 -1 来实现这种方向的改变，从而使网球移动的方向改变。

在继续下一步之前，请将你的代码与下面所示代码进行比较：

174

```
76
77      # collision of ball with top/bottom of screen
78      if ball_y - ball_r <= 0 or ball_y + ball_r >= screen_height:
79          ball_yv *= -1
80
```

👆 球拍碰撞屏幕顶部或底部

当球拍到达屏幕的顶部或底部时，我们希望球拍能够停止运动。为了实现这一点，我们需要创建一段代码，这段代码将识别出球拍的 *y* 坐标值，然后阻止球拍越过屏幕的边界，即创建屏幕边界的两个 *y* 坐标值，这两个坐标值分别是屏幕顶部的 0 和底部的 400。从第 81 行开始，将下列代码复制到程序中，并且检查代码行的缩进层级，确保缩进正确：

```
# collision of paddle with top/bottom of screen
if paddle1_y < 0:
    paddle1_y = 0
elif paddle1_y + paddle1_h > screen_height:
    paddle1_y = screen_height - paddle1_h
if paddle2_y < 0:
    paddle2_y = 0
elif paddle2_y + paddle2_h > screen_height:
    paddle2_y = screen_height - paddle2_h
```

这段代码与网球碰撞屏幕的代码的工作方式并不相同，因为我们不希望球拍来回反弹，而是希望当球拍碰撞到屏幕的顶部或底部时，球拍会停下来。所以，你会注意到，当球拍 1 或球拍 2 超出屏幕的边界（0 或 400）时，就会根据球拍所处的位置，将球拍的 *y* 坐标值重置为等于屏幕边界值 0 或 400。添加完这段代码，请记得保存你的工作文件。

👆 网球与球拍的碰撞

网球撞击到球拍时会发生什么情况？游戏中有两个球拍，如果添加一些注释代码将非常有帮助，我们使用 # 号来标记和追踪左侧球拍（球拍 1）与右侧球拍（球拍 2）的代码。

上面我们完成了一些碰撞检测工作，现在来考虑一下球和球拍的碰撞情况。当网球撞击到球拍时，我们希望网球看起来像是从球拍上弹开。因此，我们需要确保网球和球拍之间的碰撞结果是网球朝相反的方向运动。这实际上与网球在屏幕边缘弹开的表现是一致的。现在我们需要搭建两个球拍的框架，分别编写球拍 1 和球拍 2 的所有代码片段。请将以下代码复制到你的文件中：

```
# left paddle
if ball_x < paddle1_x + paddle1_w and ball_y >= paddle1_y and
ball_y <= paddle1_y + paddle1_h:
    ball_xv *= -1
# right paddle
if ball_x > paddle2_x and ball_y >= paddle2_y and ball_y <=
paddle2_y + paddle2_h:
    ball_xv *= -1
```

将你的代码与下面所示代码进行对比：

```
72
73      # velocity of ball is set
74      ball_x += ball_xv
75      ball_y += ball_yv
76
77      # collision of ball with top/bottom of screen
78      if ball_y - ball_r <= 0 or ball_y + ball_r >= screen_height:
79          ball_yv *= -1
80
81      # collision of paddle with top/bottom of screen
82      if paddle1_y < 0:
83          paddle1_y = 0
84      elif paddle1_y + paddle1_h > screen_height:
85          paddle1_y = screen_height - paddle1_h
86
87      if paddle2_y < 0:
88          paddle2_y = 0
89      elif paddle2_y + paddle2_h > screen_height:
90          paddle2_y = screen_height - paddle2_h
91
92      # collision of ball and paddles
93      # left paddle
94      if ball_x < paddle1_x + paddle1_w and ball_y >= paddle1_y and ball_y <= paddle1_y + paddle1_h:
95          ball_xv *= -1
96      # right paddle
97      if ball_x > paddle2_x and ball_y >= paddle2_y and ball_y <= paddle2_y + paddle2_h:
98          ball_xv *= -1
```

第3部分的程序测试

差不多就快完成游戏编程了，现在是再次测试代码的时候了。在终端或命令提示符中，定位到保存 tiny.py 文件的目录，然后运行以下命令：

```
python tiny.py
```

如果测试过程一切正常，那么你得到的结果将与第 2 部分的测试结果相同，也就是打开了一个名为 "Tiny Tennis" 的空白屏幕，恭喜你，成功了！

如果你的程序在运行时出现了一些错误，那么请查看错误消息，检查一下看看能否确定出错的地方。可以查找语法错误、拼写错误、缩进错误或代码中的其他错误。确保使用空格键进行缩进，而不是 Tab 键，否则很可能出现错误。

第4部分：绘制屏幕并追踪分数

至此，我们知道网球会从屏幕的顶部和底部弹开，也会从球拍上弹开。但是，如果玩家没能用球拍接到网球，那么网球会发生什么情况呢？玩家和他们的分数又会有什么变化呢？

在第 4 部分中，我们利用 x 坐标来确定网球当前是在屏幕内，还是它已经错过球拍，处于屏幕外。我们使用 if 语句告诉计算机应该做什么。x 轴的 0 坐标是屏幕最左边的位置。如果网球的 x 坐标值小于 0，就说明玩家 1 没有挡到网球，那么另一侧的玩家（即玩家 2）就会得到 1 分。如果你已经阅读了相关的代码，你会注意到我们将 ball_x 和 ball_y 的坐标重置为屏幕的中心，这样就可以开始一场新游戏了。复制以下 4 行代码，并将此逻辑放入游戏中：

```
if ball_x <= 0:
    player2_score += 1
    ball_x = int(screen_width / 2)
    ball_y = int(screen_height / 2)
```

你会注意到，接下来的 4 行代码与上面的 4 行代码几乎完全相同，只有两处更改。网球的 x 坐标值现在是与最大屏幕宽度（600）相比较。如果网球的 x 坐标值大于 600，则意味着玩家 2 错过了网球，并且网球处于屏幕外。这时，由于玩家 2 没有阻挡到网球，玩家 1 得分。为了确保这个逻辑体现在游戏中，将下面 4 行代码复制到你的文件中：

```
elif ball_x >= screen_width:
    player1_score += 1
    ball_x = int(screen_width / 2)
    ball_y = int(screen_height / 2)
```

```
 99
100     # player score
101     if ball_x <= 0:
102         player2_score += 1
103         ball_x = int(screen_width / 2)
104         ball_y = int(screen_height / 2)
105     elif ball_x >= screen_width:
106         player1_score += 1
107         ball_x = int(screen_width / 2)
108         ball_y = int(screen_height / 2)
109
```

【 💡 请及时保存你的工作文件！ 】

渲染屏幕——显示发生的情况

我们需要编写的最终代码是重绘屏幕和所有物体，这样才能让物体的移动看起来确实发生了。接下来的几行代码绘制 5 个物体，它们都是游戏的组成部分。绘制球拍、球网或网球并不是必须使用变量名，但是如果你想更改这部分代码，那么使用变量名更容易找到相应代码的位置。这几行代码需要缩进，因为它们都在 while 循环的内部。

```
    game_screen.fill(black)
    paddle_1 = pygame.draw.rect(game_screen, white,
(paddle1_x, paddle1_y, paddle1_w, paddle1_h), 0)
    paddle_2 = pygame.draw.rect(game_screen, white,
(paddle2_x, paddle2_y, paddle2_w, paddle2_h), 0)
    net = pygame.draw.line(game_screen, yellow, (300,5),
(300,400))
    ball = pygame.draw.circle(game_screen, red, (ball_x,
ball_y), ball_r, 0)
```

代码 game_screen.fill(black) 使 用 了 game_screen 变 量，并将颜色 black（黑色）放在小括号中来告诉函数 fill() 将屏幕变黑。在这行代码中，你是否注意到使用了两个全局变量 game_screen 和 black 呢？可以想象一下，如果没有这两个变量，这行代码会多么长。还可以想象一下，更长的代码会给我们阅读代码和改变代码增加多大的难度。

你还会注意到使用函数 pygame.draw.rect() 绘制球拍，因为球拍就是矩形，而且球拍具有以下属性：

- 游戏屏幕（告诉你球拍应该在什么区域绘制）。
- 颜色。
- x 坐标。
- y 坐标（提供起始位置）。
- 高度。
- 宽度。

如果你看一下使用 line() 和 circle() 绘制的物体，你会发现绘制它们与绘制矩形没有太大的区别，两者都有 game_screen 和颜色属性。绘制直线物体所设置的参数定义了该线段的长度、宽度和位置。绘制圆形物体所设置的参数则定义了 game_screen、颜色和网球的特征。由于在本章一开始就使用全局变量定义了网球的特征，我们可以在 circle() 代码中使用这些变量。

显示玩家分数

下面的几行代码将会在屏幕上表现玩家的游戏分数。

```
score_text = font.render(str(player1_score) + " " +
str(player2_score), 1, white)
game_screen.blit(score_text, (screen_width / 2 - score_
text.get_width() / 2, 10))
```

在上面的游戏分数代码中，第一行定义了 score_text 变量，该变量将在这段代码的第三行中用到。如果两位玩家都没有错失击球，那么分数文本可能会长时间没有变化，所以函数 game_screen.blit() 只有在每次重绘屏幕时，才会复制游戏的分数文本。

最后，函数 pygame.display.update() 利用程序存储的新信息更新图像。因为计算机传送信息的速度要比人类快得多，所以我们添加了一个 sleep（睡眠）选项，这样可以允许有一个时间间隔，然后进行图像更新。

```
pygame.display.update()
time.sleep(0.016666667)
```

结束程序

我们将输入 pygame.quit() 来结束这个程序，这行代码是最外层的缩进。所以，这行代码超出 while 循环的范围，也就是只有当 while 循环停止运行时才会运行这行代码。

```
pygame.quit()
```

输入上面这行代码，你的游戏代码应该如下所示：

```
109
110    game_screen.fill(black)
111    paddle_1 = pygame.draw.rect(game_screen, white, (paddle1_x, paddle1_y, paddle1_w, paddle1_h), 0)
112    paddle_2 = pygame.draw.rect(game_screen, white, (paddle2_x, paddle2_y, paddle2_w, paddle2_h), 0)
113    net = pygame.draw.line(game_screen, yellow, (300,5), (300,400))
114    ball = pygame.draw.circle(game_screen, red, (ball_x, ball_y), ball_r, 0)
115
116    score_text = font.render(str(player1_score) + " " + str(player2_score), 1, white)
117    game_screen.blit(score_text, (screen_width / 2 - score_text.get_width() / 2, 10))
118
119    pygame.display.update()
120
121    time.sleep(0.016666667)
122
123 pygame.quit()
124 # game end
```

请你根据本章的示例重新检查你的代码，同时确保保存了 tiny.py 文件。现在可以准备好真正进行游戏测试了！

运行小小网球

小小网球的好玩之处是，你可以和自己进行比赛，这样可以使游戏更容易测试，也可以对游戏的不同部分进行检验。从终端运行该文件时会弹出一个窗口，如下图所示：

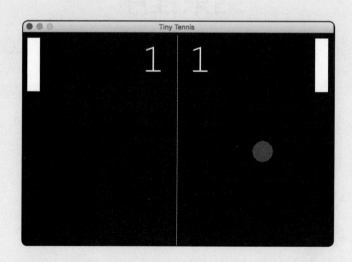

窗口中的网球应该立即向屏幕的某一边移动。你可以先测试游戏中屏幕两边的球拍，确认球拍可以击中网球，并且球拍不超出屏幕的区域。你还可以测试游戏的计分机制，确认玩家每击一次球，如果对方没有接到网球，那么击球的玩家应该得到相应的分数。你可以邀请其他人和你一起玩这个游戏。

如果你对游戏的某些部分不满意，那么可以改变它们。例如，你可以选择不同颜色的网球、球拍和屏幕。对于球拍，你也许想让球拍长一点、短一点，或者薄一点。也许你想通过改变网球半径来让网球变大或者变小。

你还可以让网球和球拍移动得快一点，这样游戏就更具挑战性。如果你的游戏是为年龄小的孩子准备的，那么也许你希望网球和球拍移动得慢一点。游戏的设计要考虑多方面的因素，现在你已经创建了一个很好玩的游戏，可以做出一些不同的设计。

你可以通过复制游戏代码来测试你的设计，然后在代码副本中测试所有的修改内容。保留工作代码的备份是一个好习惯，这样即使编写的代码丢失，还可以返回到备份文件，重新开始。

小 结

祝贺你创建了自己的第一个游戏！你学习了很多内容，不过，关于代码最重要的一点就是，完成每一件事情有很多方法。有些方法容易理解，但可能不如其他方法高效。有的代码高效，但可能不容易被其他人理解。所以，最好的代码是既易于理解，又尽可能地高效。

综观本章，我们使用了易于理解的代码组合，但可能没有达到高效。这是因为我们正在学习 pygame 中的许多新规则，例如碰撞检测的内容，这对代码来说是很有挑战性的。在你完成几个游戏程序之后，凭借积累的成功经验，你可以做一些有趣的事情！

在下一章中，我们将回顾在这本书中学到的所有知识，还将探讨 Python 世界的一些其他方法，因为 Python 是一种非常丰富且有用的语言。我们进行下一章的探索吧！

第10章

坚持编程

在上一章中，我们使用 pygame 在图形环境中创建了一个完整的双人游戏。在本书的最后一章中，我们将回顾这段旅程学到的所有知识，然后探讨一些其他方法，你可以尝试使用新的编程技能。这些方法中有许多将被用于游戏开发，但有些也会被用于 Python 的其他方面。

已学习和下一步要学习的内容

在这本书的开头，你从了解计算机起步，学习了如何安装 Python 和使用各种不同的免费工具，如文本编辑器、Python shell 等运行你的游戏。此外，你还学习了如何定位到你的桌面目录和保存你的工作文件，这样每个项目才能正常运行。接下来，下一步的学习内容如下：

- 在你的计算机上定位到其他文件夹和目录。
- 学习更多能在终端或命令提示符下执行的命令。

然后，我们通过创建函数和变量，以及使用不同类型的数据开始了编程之旅。我们创建了一些函数来完成数学运算，然后把这些函数放在一起来创建了一个计算器。通过使用 input() 命令，你学会了如何提示用户并获得用户的信息。

我们使用 if 和 else 逻辑来教会计算机如何根据用户的决定进行决策。我们还使用循环来帮助我们在游戏中执行不同的任务。之后，我们学习了如下内容：

- 关注并尽量理解嵌套的 if 语句。
- 利用循环来处理大量文本或数据集。

我们学习了在 Python 中使用和存储数据的不同方式，例如字典和列表。了解了在 Python 中如何存储信息是非常重要的，Python 的重要特点之一就是能够非常快速地存储数据。

从第 1 ~ 9 章，我们创建了几个项目来演示如何利用你所学到的技能。理解如何使用 Python 的强大功能来解决问题是非常重要的。了解每个工具意味着可以更好地构想如何使用编程技能解决问题。在本章接下来的内容中，我们来看一看如何解决某些问题，这将扩展我们的 Python 技能。

类与对象——极为重要的下一步

你很快就要开始学习类与对象，这对于简化某些重复使用的代码，是一种非常好的方法。例如，pygame 中有一个名为 Sprites 的类。pygame.Sprites 模块所具有的类更容易管理不同游戏对象。

想要了解关于类与对象的更多信息，可以在互联网上搜索诸如"面向对象编程"这样的关键字（这是 Python 所使用的编程类型），或者"类与对象"这样更具体的关键字。如果你发现类与对象使人感觉混乱，也不要担心，你将会逐渐了解这个概念。

让游戏更有趣

本书的重点是制作游戏项目，如果你想更深入地学习 pygame，应该学习一些更复杂的知识来开发游戏。你可以利用以下方式，创建更复杂的小小网球游戏。

- 添加音乐。
- 添加图形、图像。

为游戏添加音乐

pygame 允许你在游戏中添加音乐。这其中有一个音乐模块，你可以将几种格式的音乐添加到游戏文件中。不过这里也有一些限制，比如文件类型。例如，使用普遍支持的 ogg 文件类型要比使用 mp3 文件类型更好，因为并不是所有操作系统都支持后者。

为游戏添加图形、图像

如果只有矩形、圆形和方形，我们的世界就太无聊了。你可以尝试使用其他模块，例如 pygame.image() 模块，学习如何利用在 pygame 之外创建的图形、图像。如果你有热爱艺术的兄弟姐妹或朋友，或者你自己很热爱艺术，则可以在计算机上创建或扫描作品，然后将其添加到游戏中。

重新创建或设计游戏

如果你想要一个全新的挑战，那么可以尝试自己创建一个经典游戏。这里有很多经典游戏可供选择，比如《PacMan》（吃豆人）、《Asteroids》（爆破小行星），或者《Legend of Zelda》（塞尔达传说）。运用自己的技能尝试创建这些游戏的新版本将是非常好的挑战。这种实践要求你做到以下这些重要的事情：

- 提前制订程序计划。
- 搞清楚程序是否需要类。

- 搞清楚程序如何运用对象。

- 管理程序中的循环。

- 管理程序中 if 或 else 决策判断。

- 管理程序中的用户信息，例如名称和分数。

基于经典游戏创建出几个游戏之后，你可能对游戏有了一些创意。如果你确实有创意，那么就在你的计算机上把它们记录在文件中。你在构思一款新游戏时，除了需要对游戏的目标、游戏的胜利条件和控制器进行设计之外，还需要做一些创建经典游戏的事情。

其他游戏

许多程序员使用 Python 创建小游戏来练习他们的编程技巧。首先，你可以看看人们在 pygame 网站上发布的其他游戏，也就是大家已经分享的游戏。

PB-Ball

PB-Ball 是一款运用 pygame 并添加类和对象的篮球游戏。当你找到这个游戏项目时，你会看到指向代码的几个不同链接。这些链接将帮助你找到游戏并查看代码。你会注意到里面有图像和声音的文件夹。所以，为了创建一个背景更复杂的游戏，你需要学习许多新技能。

贪吃蛇

许多人都玩过贪吃蛇游戏。玩家在游戏开始时控制一条很短的蛇，随着游戏的进行，这条蛇会越来越长。这个游戏维持生命的唯一规则就是蛇不能碰它的尾巴。从互联网上可以获得这款游戏的很多版本示例。你可以查看其中几个版本示例的代码，看看你能否重新创建这个游戏。

Python的其他用途

Python 除了开发游戏之外还有很多用途。学习 Python 可以打开通往数据科学、Web 应用程序开发或者软件测试的职业大门，以及其他方面。如果你真的想从事计算机编程职业，那么最好去看看利用 Python 还能做哪些不同的事情。

SciPy

SciPy 库中有几个程序的源代码是免费开放的，可以用于数学、科学和数据分析。有些程序的功能相当先进，不过也可以用来做一些简单的事情。如果你想在与数学或科学相关的工作中使用 Python，那么这些程序值得了解一下。

iPython

iPython 是一个类似 Python shell 的程序，我们之前使用 Python shell 用于项目开发，其中包括 IDLE 或终端。iPython 有一个服务器，它使用 notebooks（笔记本）来追踪你的代码，以及与代码一起记录的其他注释。该程序一直都在更新。

MatPlotLib

MatPlotLib 是一个使用 Python 进行编码的高级工具，可以创建简单或复杂的图表、图形，甚至动画。这是一个开源项目，所以它也可以免费使用。有很多方法可以使用这个工具，下载和安装说明都在它的网站上。如果你热衷于数学运算或 2D 图形的展现，那么你应该查看一下这个工具的代码示例。

Raspberry Pi

广为流行的 Raspberry Pi 是一个小型计算机卡板，专门用于计算试验和机器人试验。它的操作系统与 Windows 和 mac OS 不同，因为预先安装了 Python 和 pygame，所以能够以非常简便的方式开始游戏，这样你不必完成第 1 章中的所有工作。

要想使用 Raspberry Pi，你需要使用电源、具备 HDMI（High Definition Multimedia Interface，高清多媒体接口）输入的显示器、HDMI 线缆、键盘和鼠标。如果你打算使用网络，那么还要具有 Wi-Fi

适配器或者以太网网线。此外，你需要 SD 卡安装最新的 Raspberry Pi 操作系统。利用这些设备，你可以使用 Raspberry Pi 进行试验，如果你的计算机崩溃，那么可以免费制作操作系统的一个副本。

许多人已经使用 Raspberry Pi 创建游戏，包括小型的手持游戏系统。除创建游戏外，人们还使用 Raspberry Pi 制作机器人项目和媒体中心项目。Raspberry Pi 的相关内容非常简洁，你可以从中了解更多有关创建计算机程序的知识，并且可以尝试将计算机用于不同的用途。你可以使用 Python 和 Raspberry Pi 编写代码来控制灯光、门铃，甚至家用电器。你可以访问 Raspberry Pi 的官方网站来了解更多关于其硬件和基于 Linux 操作系统的内容。

编程挑战

除了使用 Python 代码来完成以上事情之外，还可以通过发现编程方面的挑战，单独或与朋友一起来解决问题，从而在实践中练习编写 Python 代码。这些编程挑战的范围可大可小，可难可易，是一种可以让你在不同项目之间具备敏捷技能的好方法。编程挑战通常针对的是一种特定的编程技巧，如下所示：

- 显示。

- 迭代循环。

- 创建变量、字符串和整数。

- 数据管理。

- 函数。

- if、elif、else。

- if、elif、else 嵌套。

- 嵌套逻辑。

- 递归。

如果你对以上这些术语感到陌生，那么你可以查询一下，阅读更多关于它们的内容，并尝试一些编程挑战来强化你的技能。

小 结

希望本书能为你学习 Python 打下坚实的基础。Python 是一种功能强大的语言，区区一本书不可能介绍完它所有的内容。但是，如果每个游戏你都从头至尾完成编程，那么你将获得坚实的 Python 基础，也为你下一步的学习奠定基础。

不断使用 Python，需要持续处理各种挑战和游戏，同时深入研究代码体系结构、类与对象，以及运用对象自定义图像、声音和其他效果等更高级的编程游戏。一旦你适应了 Python，就可以更轻松地转向常用的游戏设计语言，如 C ++。

最后，你可能想要了解有关使用 Python 创建 Web 应用程序方面的内容。你可以查看如 GitHub 或 Bitbucket 这些项目平台，一直在更新和维护代码，并且有些允许免费使用。阅读别人的代码是一种绝佳的学习方式，可以学习到运用代码的新知识和有趣的方法。此外，在相关社区中寻找并帮助创建免费程序（也

称为开源代码）也是一种很好的学习编程的方式。同时，
你也可以在社区中提出问题并获得相应的答案。

希望你在追求创建更好的游戏和编写更好的代码
过程中，持之以恒，一切顺利，加油！

·快速练习答案·

1

问题	答案
Q1	4
Q2	2
Q3	3

2

问题	答案
Q1	1
Q2	4
Q3	3
Q4	4
Q5	3

3

问题	答案
Q1	3
Q2	1
Q3	3
Q4	3

4

问题	答案
Q1	3
Q2	2
Q3	1
Q4	4
Q5	3

5

问题	答案
Q1	1
Q2	4
Q3	1
Q4	3
Q5	4

6

问题	答案
Q1	2
Q2	4
Q3	4

7

问题	答案
Q1	2
Q2	3
Q3	4
Q4	4

8

问题	答案
Q1	2
Q2	4
Q3	3
Q4	1